裾随风——上海大学博物馆藏荣氏家族旗袍
th the Wind Dances the Gentle Qipaos
Rong Family's Qipaos in the Shanghai University Museum
荣氏家族旗袍
Qipaos of the Rong Family
上海大学出版社

主编

李明斌　徐景灿

主编简介

李明斌

上海大学博物馆馆长，教授，曾任成都博物院副院长、成都博物馆馆长，主要从事博物馆规划筹建和运营管理。享受国务院政府特殊津贴，四川省有突出贡献的优秀专家，中国博物馆协会高校博物馆专业委员会副主任委员。四川大学客座教授，日本爱媛大学东亚古代铁文化研究中心客座研究员。

徐景灿

1940年生于上海，上海外语学院俄语系本科毕业。曾任中学外语教师，后赴美进修留学。1986年起任上海工业发展基金会联建公司海外合作部经理、上海亚特（中国）公司总经理。2000年起为美中文化协会工作，并任上海基督教女青年会和中国爱德基金会董事，上海市第六届政协委员，长期从事中外文化交流工作。

荣氏家族旗袍
Qipaos of the Rong Family

目录 Contents

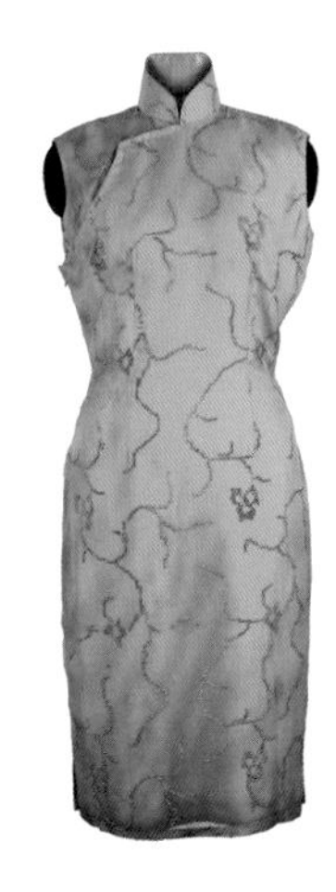
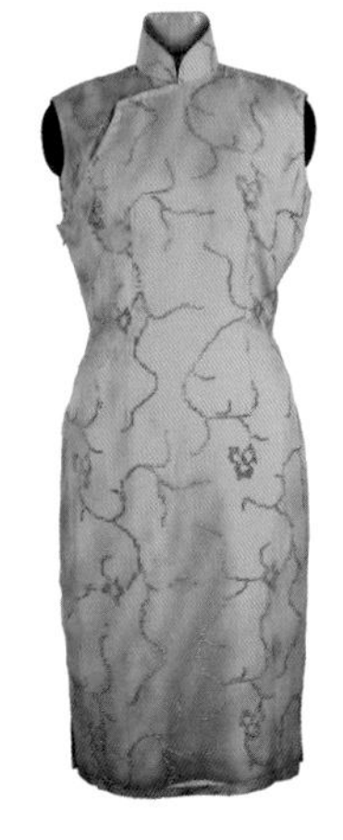

Qipaos of the Rong Family

ng Lu-xia Zhou Tie-zhi
序一 李明斌·序二 宋路霞 周铁芝

序一 Preface I

20世纪初，中国社会经历了重大的变革，而诞生于上海的海派旗袍，更是这场变革的见证和表现，是传统文化与西方文化融合的典范。20世纪三四十年代的上海已显露出现代城市文明的开放和个性，同时也保持着传统中国的风骨和韵致。跨越了近百年历史的海派旗袍，其面料、纹样和款式的精细考究，映射出当时上海的文化、工业和人们的生活状态、习惯和审美情趣。

海派旗袍造型元素、风格、色彩、面料材质以及款式设计的多样性，成功完成了由传统向现代的转化，并一直流传至今。海派旗袍适应了20世纪中西文化交融的大环境，大胆吸收了西方服饰文化，将中西文化融会贯通，这才造就其蓬勃发展。海派旗袍充分展示了当时人们追求自由、迫切渴望自我解放的心声，以及顺应时代、大胆变革的决心。

我们从不同旗袍所展示的风格和个性中，也可以看出女性勇于突破传统束缚、积极参与公共生活的热情。它给中国女性带来了一种表达和展示自我主体的全新方式。在当时的中国，名媛阶层通过自身着装体现自我个性，成为上海的中国女装流行款式创造的主体。她们普遍受过良好的近代教育，富于艺术修养，懂英文，能够通过各种途径获取西方的时尚信息，并融合到自身服装的设计中去（如到店定制样式），使其服装形成独特的风格。

旗袍将中国女性从传统男权观念对女性身体的束缚中解放出来，便于行动，适应了现代中国女性参与社会活动的需要；以旗袍为代表的时尚还赋予了中国女性一种突破传统的、全新的、展示自我主体的方式——这一切符合妇女解放的历史趋势。旗袍中蕴含的本土传统服饰文化元素，被改造为现代价值的表征，从而焕发出新的活力，是其得以风靡民国乃至流行至今的根本原因。

上海大学博物馆收藏的这批来自荣氏家族的旗袍，时间跨度从20世纪三四十年代至21世纪初，囊括了多个变革的年代。我们可以从这些旗袍中一窥中国社会变迁折射到服饰上的那些点点滴滴的痕迹。而通过这些旗袍背后的信息，更可以解读出海派文化重精工、善变化的精髓，值得我们去细细品味。旗袍不仅仅是时尚的代名词，也是文化和社会变革的见证者，引领我们在当下去思考和理解传统和未来融合的意义。

李明斌

上海大学博物馆馆长、教授

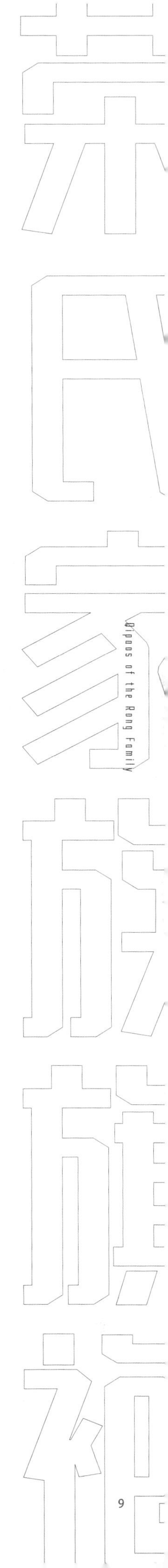

这是一本集中展现一个家族的旗袍风采的书，是目前所能见到的第一本，不得不佩服上海大学博物馆的专业眼光和担当意识。读者可以从中读到很多新的信息，领略到很多独到的风光，大大丰富和拓展旗袍文化的视野，或许还可以从荣家的美丽旗袍起步，按图索骥，发微探秘，渐渐步入海派文化研究和引领新一代女装时尚的广阔天地。

荣氏家族是20世纪上叶中国最大的实业型大家族。荣家事业的开创人荣宗敬、荣德生兄弟，一生创办了9个纺织厂和11个面粉厂，被誉为“棉纱大王”和“面粉大王”。正如荣宗敬先生曾说的：“从吃和穿的方面来说，我们拥有半个中国。”或许与荣氏家族得天独厚的纺织业成就有关，荣家的小姐、媳妇、孙女、外孙女等女眷，都喜欢穿旗袍，而且对面料、做工、款式、配饰等都有自己独特的要求。

收入这本书中的旗袍，来自荣家8位女眷，她们是：荣家大房的荣卓如（荣宗敬先生的小女儿）、荣智珍（荣宗敬先生的大孙女）、姚翠棣（荣宗敬先生的女婿王云程的继室）、吴盈钿（荣宗敬先生的外孙媳妇）；荣家二房的荣慕蕴（荣德生先生的大女儿）、华若云（荣德生先生的三儿媳）、荣辑芙（荣德生先生的七女儿）、刘莲芳（荣德生先生的五儿媳）。其实我们知道，荣家每位女眷都曾拥有很多旗袍，本书展示的只是冰山之一角。尽管如此，我们还是从中发现了令我们眼前一亮、心跳陡然加快的“神品”。

珠光宝气的合理运用，历来是女装的一个难题。珠绣旗袍，是荣家旗袍的一道亮色。珠光宝气的服饰效果是很多上海名媛追求的目标。传统的做法是戴首饰，首饰的色彩和式样力求与旗袍相得益彰。但是具有海派眼光的荣家人，并不是一成不变地延续这种做法，她们在日新月异的新式蕾丝面料汹涌而至时，成功地借用面料上的细微珠粒，简化了对首饰的要求，更有甚者，在蕾丝面料上依照面料花纹，进行珠绣或珠片绣的再加工，或者在缎面上直接进行珠绣的设计和创作。缎面和蕾丝面料本身就有些发光发亮，加上珠绣或珠片绣的艺术点缀后更加熠熠生辉，富贵荣华的效果就更加突出。这种珠绣旗袍在20世纪50年代到80年代，从上海到了海外的荣家人，把这种旗袍当作礼服，在重要的场合“闪亮登场”。在穿珠绣旗袍的同时，可以大大简化戴首饰的“份额”，一般只需戴耳环即成。可知，珠绣和珠片绣工艺的进步，大大丰富了海派高端旗袍的表现手法，而荣家人，正是推动海派旗袍艺术发展的一支生力军。

细审这些荣家旗袍上的店家商标，发现这些旗袍居然都是在香港高档女士服装店订做的。由此可知，香港在这个阶段，是旗袍文化发展的一个不容忽视和不可回避的重镇，尽管那里的旗袍裁缝大多是从上海过去的。

荣家旗袍还有一个特点是，旗袍套装特别多，占了我们触摸过的一多半。传统旗袍就是一袭旗袍，或长或短，或绣花或绣边，或棉或单或皮毛，通常没有与之相对固定的、配套的套装。旗袍套装的出现，打破了这个陈规，使旗袍变得更富有海派风韵，更符合在十里洋场的洋行、银行、机关、院校里工作的职业女性的需要，更趋向于职业化。荣家旗袍又是这方面的典范。

一般来说，旗袍套装里面是一件中式旗袍，外面配一件与旗袍色彩、面料相同或相似的西式外套，更富有仪式感，更符合正式工作场合的需要，也更加凸显职业女性的庄重。这些配旗袍的外套，可以是一件西式上装，也可以是一件西式风衣、西式呢子大衣，或者西式貂皮大衣。总之，旗袍套装里中外西，中西搭配，相得益彰，既有中国女装风韵，又有西式女装的紧凑、干练、精神气儿，在上海和香港曾大行其道，深受职业女性和上流社会女性的欢迎。从我们见过的荣家旗袍套装的外套看，没有一件是重复的，一般的西装领都不稀奇了，青果领、水纹领、花边领、斜襟领……配上旗袍，显得非常沉稳、端庄、大气。自然，有相当一部分是无领的，这样更便于突出里面旗袍的领子。

做好旗袍套装的难度有二：一是要找“中西合璧”式的裁缝，要求裁缝不仅中式旗袍要做得好，而且西式外套也要能做得好；二是面料的选择，旗袍与外套的颜色及面料完全一致，这倒不难，难的是面料颜色要相近而不是完全一致，要相辅相成，要互为映衬，要在“似”与“不似”之间，才算上乘。荣家人的旗袍套装中，就有不少这种堪称上乘的旗袍套装，令专家们赞叹不已。细心的读者可以从这本书中，发现其中的奥妙。

但愿这本书能给海派旗袍文化研究带来新的启发。

但愿海内外的朋友们喜欢这本书，并继续给予我们帮助。

在此，向十多年来一直关心、支持、帮助、捐助我们的荣家老人们，致以深深的谢意！

宋路霞

上海老旗袍珍品馆副馆长、上海作家协会会员

上海大学海派文化研究中心特邀研究员、华东师范大学校报编辑部原主任

周铁芝

上海老旗袍珍品馆理事、上海芝莲福文化发展有限公司董事长

传统手工旗袍制作专家

-ning Wang Chen Yu Ying Guo Ji

专记

龚建培·蒋昌宁·王晨·于颖·郭骥

昔日海上摩登

——兼论旗袍与海派文化的开放、多元与趋新特征

MODERN SHANGHAI OF BYGONE DAYS: A CONCURRENT DISCUSSION OF QIPAOS AND THE SHANGHAI-STYLE CULTURE CHARACTERIZED BY OPENNESS, DIVERSITY AND TRENDINESS

谈及近代发展起来的旗袍，就无法绕过上海和海派文化。清末以后中国服饰时尚大部分起源于上海，旗袍时尚发生和变革的源头也是上海，可以说旗袍是海派文化催生、滋养的璀璨花朵，因而要了解和研究旗袍就不得不涉及海派文化。

多年前翻阅民国文献资料时，曾拜读过民国学者兼翻译家曾觉之先生的一篇小文。此文发表在新中华杂志社主编的《上海的将来》一书中。曾觉之先生首先说道："现在的上海可以诅咒，因为上海破坏了中国的一切，吞噬了中国的一切"，而后却提出"将来的上海可以歌赞，因为上海将产生一种新的文明，吐放奇灿的花朵，不单全中国蒙其光辉，也许全世界沾其余泽"。笔者认为曾觉之先生所说的新的文明也即"海派文化"。他认为20世纪初的上海"是一座五花八门，无所不具的娱乐场，内地的人固受其诱惑，外国人士亦被其摄引，源源而来，甘心迷醉"。但上海又是"一座火力强烈无比的洪炉，投入其中，无有不化，即坚如金刚钻，经一度的鼓铸，亦不能不蒙上上海的彩色。……上海亦接受一切的美善，也许这里所谓为美善的，不是平常的美善，因为平常所谓为美善的，都被上海改变了。上海自身要造出这些美善来，投到上海去的一切，经过上海的陶冶与精炼，化腐臭为神奇，人们称为罪恶的，不久将要被称为美善了！……人若不信，试看将来！"① 八十多年后的今天，我们重读和反观曾觉之先生当年对上海的预期，以及他对上海"新文明"的宏论，不得不惊叹其精辟而独到的洞察力。

① 新中华杂志社.上海的将来 [M]. 上海：中华书局, 1934：77-78.

无须讳言，上海作为近代中国最早开埠的城市之一，它以海纳百川的姿态接纳了国内不同区域的文化，同样也接受了来自西方的先进思想、文化和科技，逐渐成为追求国际摩登时尚的先锋舞台，成为中国乃至亚洲的时装中心。20世纪上半叶，上海的“摩登”影响到全国的大小城市及乡镇，在追赶潮流、感受西方文化等方面，近现代中国没有哪个城市比上海更为迫切，对服饰时尚的关注也没有哪个城市比上海更为热情，环球百货、好莱坞电影、欧美时尚等世界上新潮的东西在当时上海都可以找到。上海之所以可以成为当时的“东方巴黎”，不得不说海派文化是成就其发展的巨大内在推动力。

海派文化是中国地域文化谱系中最具现代性、最另类、最异质的一种文化形态，也是近代中国都市文化的典型代表。海派文化的另类性、异质性，主要来自以“欧风美雨”为代表的外来文化以及因商业都会而盛行的大众文化。上海作为商业都会、移民城市以及租界社会的特殊历史，使海派文化充满了对开放、多元、趋时求新的追求。

尽管人们对“海派文化”特征的认知各有不同，但开放意识下的“海纳百川，有容乃大”无疑是最本质的特征之一。上海开埠以后，伴随着对外商贸的频繁往来，西方的思想观念、生活方式也随之迁入，上海成为各种文化的交汇、交流与交融之地。不同文化的相激相荡、相克相生，赋予了海派文化开放、包容和多元共生、兼容并蓄的特征。曾觉之先生也曾说：“上海的特点是混乱，乱七八糟的将国内外的一切集合在一起，而上海的力量便是这种容受力，这种消化力。人们诅咒上海由于此，但我们赞美上海亦由于此。…… 人常讥上海是四不像，不中不西，亦中亦西，无所可而又无所不可的怪物，这正是将来文明的特征。将来文明要混合一切而成，在其混合的过程中，当然表现无可名言的离奇现象。但一经陶炼，至成熟纯净之候，人们要惊叹其无边彩耀了。我们只要等一等看，便晓得上海的将来为怎样。”② 曾觉之先生论及的“容受力”“消化力”“混合力”也正是海派文化开放意识和创造力的精髓所在。

旗袍产生于上海，发展于上海，辉煌于上海。旗袍从它产生之日起，就显示出开放、创新、兼容并蓄的文化特质，并在发展中进一步突显出这种属性。如果从海派文化延伸至民国时期上海的服饰文化来看，其特点可以用一字蔽之，就是“杂”。即中国的、外国的、本地的、海内外的都有。只是有的是显性的，有的是隐性的，有的可能只是借用了一角或某个影子。中国近代服饰发展能够超越历史上任何一个时期，其关键就在于它处于“一个永远在取舍中流动过程，它是在‘杂’的基础上不断变化，变出种种时髦、新奇、漂亮来”③。

② 新中华杂志社.上海的将来 [M]. 上海：中华书局，1934：78-79.
③ 沈宗洲，傅勤.上海旧事 [M]. 北京：学苑出版社，2000：599.

如果我们以海派文化的开放意识为视域，来探讨旗袍起源和发展过程的特点的话，可以明显发现这种包容、开放的意识贯穿于旗袍产生、变迁的整个过程。其一，从发生学的本质上说，清朝灭亡十多年后才兴起的旗袍，并非在传统袍服基础上的纵向延续，而是在外来文化全方位渗透、冲击和碰撞的基础上发展、衍生而来，是中西文化交融、变革的典型产物。罗苏文女士从历史学的角度也提出："女式西装的进入市民消费市场，是女装变革的前奏。"④民国前期满汉文化交错，中西文化共存，在服饰上也呈现出奇葩绽放、争奇斗艳的多元特征，这种变化既满足了当时女性打破服饰禁锢后求变的心态，亦顺应了社会发展，也促使中国女装开始呈现出国际化和现代化结合的多元特征。如果仔细考察旗袍的早期时尚，我们会发现它尽管具有中国传统服装的部分款式特征，但并非清代某种袍服的嫡生，旗袍从风行之初就脱不了西化的胎记。其二，旗袍产生、发展的过程，也是不断吸收西方服饰文化特点的过程，包括裁剪、制作工艺，以及面料、辅料、紧扣料等，并直接影响了旗袍着装的价值取向以及款式、工艺的发展进程。从单片衣料的衣袖连裁，到肩缝和装袖的出现；从传统廓形的A形、H形向西式S形的演变；从无省到腰省、胸省的应用，从右衽大襟发展出一字襟、双襟等——这些变化不仅是缝纫技术上由传统平面裁剪向西方立体裁剪的转变，更是衣着观念上中西交融的选择与产物。其三，风行之初的旗袍就表现出中式表象下的西化穿着，其中既有中国服装传统的外观承袭，又有"欧风美雨"吹拂下的变异。旗袍的款式形态抛弃了传统女装"虚体掩形"的形制和对肢体的否定，引入了西方突出肢体美感的人本主义观念和西式裁剪方式。在穿着的配伍上，西方服饰中的裘皮大衣、绒线背心、玻璃丝袜、高跟皮鞋、西式套装、西式围巾等都成了旗袍的绝佳搭配，旗袍也成了中国近代东西方服饰文化兼容的跨时代的时装。

从某种角度说，中国近代文化的出现并不是由于社会自身发展的内因所致，而是在西方文化强烈冲击下的被动选择，是一种不求甚解的随波逐流，因而不遗余力地趋新也就成为海派文化的另一特征。旗袍作为一种标榜女性生活品质与时尚潮流的外在象征，一般女性对它的物质形态的追随是比较容易做到的，而无须像追随某种思想潮流那样需要个人的素质和深层次的思辨。因此，作为海派文化的典型外在表现之一，旗袍赢得了上海女性的广泛青睐，在旗袍时尚的日日趋新上，上海各阶层女性都倾注了巨大的热情。有个关于旗袍的笑话: 路人问正在飞奔的某公馆的仆人:"到哪里去呀?"仆人答道:"刚从裁缝铺里拿了小姐的旗袍。"路人:"那也不至于跑那么快呀!"仆人说:"不跑快的话只怕还没到家就又过时了!"可见海派文化中

④ 罗苏文.清末民初女性妆饰的变迁 [J]. 史林，1996(3):187.

的趋新意识已经成为时尚女性的一种生活态度。对于一般市民阶层的女性们，南京路、霞飞路上时装店并非每个人都敢问津的。一般的市民只能另辟蹊径，往往自己挑选一款合适的衣料，借件心仪的旗袍作为模仿的样子或找本画报的图片为参考，请裁缝师傅按样缝制，或干脆自己动手制作。在这样的过程中，移花接木、借鉴自创往往成为很多时尚女性乐此不疲地趋新所在。上海的时尚女性往往将其流行主张，通过裁缝之手不知不觉地完成了现代概念中的设计行为。正是旗袍的这种宽泛的设计性，使旗袍看似大同小异，却有着丰富的局部个性变化，进而造就了旗袍个性充沛的风尚流行。旗袍快速翻新的意义，不但显示了当年上海女性们对旗袍时尚极高的领悟力和对旗袍款式日新月异的推动力；同时也显现出旗袍时尚演绎者们对款式、面料的理解和表达——不仅体现为一种外在的装扮，更成了都市生活和社交场所中一种特殊的交流方式。

就此次上海大学博物馆收藏、展出的荣氏家族旗袍而言，穿它们的人都是上海荣氏家族的成员，她们的思想意识、生活方式无不渗透着海派文化的特质，她们旗袍的款式、面料、配套运用方式也无不受到海派文化直接或间接的影响，上文所论及的海派文化的开放、兼容并蓄以及趋新的特征，都可从中得到解读。

从对此批旗袍的款式、面料与制作工艺的初步分析来看，其时间跨度为20世纪40年代—21世纪初，旗袍面料的选择上既有中国传统的丝绸提花绸、绉，20世纪60—70年代开发的织金乔其纱、提花加印花缎等创新品种，也有来自欧洲甚至东亚的蕾丝、盘带绣、毛呢，以及来自日本和美国的紧扣件等。它们不仅呈现了荣氏家族女性们的消费意识、审美品位、时尚情结，以及多姿多彩、弥足珍贵的摩登缩影和昨日故事，同时也可以让每一位观者从历史的视域与海派文化背景中，品读旗袍发展的部分历史脉络以及旗袍与社会、文化、科技的关系。

龚建培
南京艺术学院教授

荣氏家族旗袍

Qipaos of the Rong Family

荣氏家眷与旗袍的渊源

THE RONG FAMILY AND THE ORIGIN OF QIPAOS

一

作为近代中国最具代表性的民族实业家，无锡荣氏在荣宗敬、荣德生兄弟的运筹下，曾经被誉为中国“面粉大王”“棉纱大王”。其在上海涉及的行业有金融、粮食加工、纺织生产、机械制造等；其著名的字号有福新、茂新、申新等；其子嗣联姻的基本上都是沪上实业界声名卓著的“富二代”们。

于是，枕于十里洋场，喝着黄浦江水的荣氏后人们，被一种特别的生活方式滋润着，这种生活方式有别于其家乡以农耕文化为基础的生活方式，它融入了“海派文化”的思维方式、行为准则、审美情趣。作为名媛、贵妇，荣氏的眷属们自然对“海派旗袍”情有独钟。当20世纪中叶荣氏绝大部分子嗣远离大陆之后，其眷属对旗袍的执着，其实是一种另类的乡愁、一种对海派文化的眷恋。

涉及海派与海派文化，《辞源》《辞海》《社会科学词典》《现代汉语词典》等林林总总的辞书对这些词条的不同诠释，其语境越发靠近这些辞书所发行、改版或再版的时代。这可能是历史的进步，也可能是时代的需要，更可能是受社会政治的影响，都能反映不同时代的语境。如在《辞源》里，海派专指与京城不同的上海京剧，也泛指一种行为做派，如：此人很“海派”。其词性为“贬义”。

之后，与京城的皇权政治和正统文化相对应，上海地区因商业文化、市俗文化、吴越文化、移民文化、舶来文化的杂糅，形成了自身的文化特质，这种文化被冠以“海派文化”之名。此时的海派词义，开始走向中性。

而真正张扬“海派文化”的时代，也就是中国改革开放的四十多年。新老上海人终于可以十分舒坦地告诉世人，“海纳百川、兼容并蓄”就是海派文化的内核；魔都的文化，就是海派文化——一种崇尚创新、开放、包容的文化。

二

那么究竟什么是海派？海派文化的精髓是什么？

——海派，姓“海”，她与海洋文化攸关。

两千多年前文明开化后的淞沪地区，是中国一个重要的海盐生产基地。直至南宋后期，由于其濒临大海，有丰富的滩涂资源，朝廷的盐政官吏便从中原迁徙了一批专门从事海水煮盐的兵卒及其家眷，开辟了庞大的盐场。今天上海的大团、四团，三灶、六灶等地，就是团练集聚、垒灶煮盐之旧址。这也是淞沪地区的第一轮移民潮。然而，随着冲积滩涂不断东移，盐场也不断东迁。同时，随着作为煮盐的燃料——滩涂芦苇资源的枯竭，煮盐业逐渐式微。

——海派，移民集聚的副产品。

至南宋后期，淞沪先民们从闽广引入棉种，开始大规模植棉。元明清三朝，在淞沪地区有“棉七稻三”之说。就是说在淞沪可耕种的土地上，棉花占了七成，稻谷仅为三成。加上黄道婆由海南崖州回到松江（也就是今天上海徐汇区的华泾镇），其手工纺织技术上的四次创造发明，大大提高了劳动生产率，“松郡之布，衣被天下”已名扬四海。由此，也就需要更多的分工明确的劳动力。于是，开启了第二轮向淞沪大移民的节奏。劳动力移民、资本移民、食利阶层移民一波连着一波。在明代，淞沪的经济，已经到了“苏淞税赋半天下”的巅峰地位。之后的国内军阀混战、连年饥荒，又开启了第三轮移民的高潮。因不同年代、不同地域、不同文化背景、不同生活境遇、不同民族信仰的群体蜂拥而入，上海产生了独特的文化现象：创新——适者生存、开放——追求实效、包容——兼收并蓄。今天的上海，依然是中国最大的一个移民城市。时下不管是新、老上海人，百分之九十以上的原籍并不在上海。其实以荣宗敬荣德生兄弟为代表的一大批实业家，就是资本移民的杰出代表。

——海派，浸染了西方文化样式。

随着不平等的《南京条约》签署，晚清朝廷被迫将上海辟为帝国主义列强的租界地，1843年11月17日被一位英国校官宣布“上海开埠”。于是，第四轮由不同肤色、不同语系、不同信仰的人组成的移民群体也开始落户上海“抢滩”，带来了不同国度的文化样式。譬如：文明戏（话剧）、歌剧、西洋乐队、教堂礼拜歌曲等。再譬如：改良旗袍，又称为海派旗袍。其实质是将旗袍，参考西方“布拉吉”（连衣裙）的样式进行改良，使之凸显女性的线条美，并成为风尚，冲破了京城旗袍样式带有浓郁封建意识的束缚。

——海派，商业诚信文明的标识。

不同于其他地区的文明形态，上海商业文化推崇的是规则和诚信。由于集聚了众多中国最富实力的实业资本，集聚了以动力纺织为代表的中国最多的现代工业制造业企业，集聚了国内外大量的商行和实体店，因此也逐渐形成了以契约精神为主导的、理性的、随和的、较成熟的、富有冒险精神的商业文化形态。

——海派，精细化城市管理的楷模。

由于上海是近代中国最早引进动力制造业，特别是动力纺织业的城市，工业化

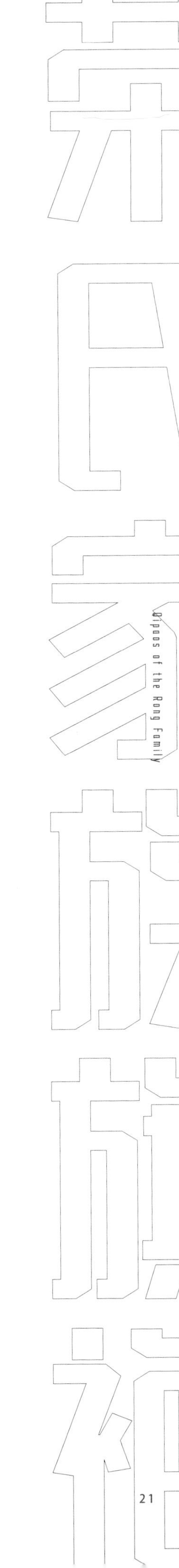

的城市布局、多元化的文化导入、世俗化的城市规划，加上曾经租界林立，迫使这座城市方方面面的管理端口必须“经纬分明”、互为适应。因此逐步引进了国际流行的精细化管理模块，形成了富有上海特色的网格化城市管理文化。这一文化的社会意义在于，守纪律、讲规则、明事理、求效率。

假如今天要对“海派文化”的特质做一个简单归纳，那就是：海纳百川，兼容并蓄；张扬个性，和而不同；笃信规则，讲求诚信；尊重传统，注重创新。荣氏家眷使用、收藏和定制的海派旗袍，就是体现海派文化的典型载体。

三

旗袍，作为中国和世界华人女性的传统服装，曾被誉为中国国粹和女性国服。其定义和产生的时间虽存有争议，但依然不失为中国悠久的服饰文化中最绚烂的现象和形式之一。尤其在20世纪30年代固化、形成的现代旗袍，或狭义的旗袍，就是泛指海派旗袍。

有一种说法，旗袍源于旗人之袍。其时，北京是旗人聚居最多之地，旗袍属于后京派文化的代表之一。由于旗袍是女装，所以也可以说旗袍源于旗女之袍。但民国时期的旗袍从形制、工艺到材质，均有了质的变化。这个变化的主要发生之地却是“开埠”八十二年后的上海——这个江南濒海一隅。

后京旗女之袍与海派旗袍主要有三点明显的差别：

首先，旗女之袍宽大平直，不显露形体，保有浓郁的封建意识；海派旗袍开省收腰，既表现女性的曲线美，也体现了平权思潮和开放的审美取向。

其次，旗女之袍内着长裤，开衩处可见绣花的长裤脚，符合北方气候特征；海派旗袍内着内裤和丝袜，开衩处露出秀腿，适应江南四季分明、潮湿温润的气候。

再则，旗女之袍面料以厚重织锦或其他提花织物居多，装饰繁复，对应的是身份、地位、场合，遵守程式；海派旗袍则选料自由、轻薄，并借鉴西式连衣裙的款式，装饰简约大体、落落大方，富有创意。

本次有幸受邀参加母校上海大学的博物馆举办的荣氏家族旗袍捐赠签约仪式暨海派旗袍研究座谈会，鉴赏了由宋路霞女士代表上海老旗袍珍品馆向上海大学博物馆捐赠的源自荣氏家族贵妇、名媛的百件（套）精美绝伦的旗袍珍品，并就此批次旗袍的材质、工艺、款式、年代、品名参与了品评与鉴定。有四点感想：

一是藏品年代跨度大。

由于历史的原因，荣氏家族后裔，在1949年前大都移居中国港、澳、台地区，东南亚、大洋洲和美洲（拉丁美洲）等地。所以，此批由上海大学博物馆收藏的荣氏家眷的旗袍，由20世纪40年代直至21世纪初，跨越了将近七十年。由此可以窥见历史发展过程中，海派旗袍在中国大陆与港、澳、台地区、境外唐人街的发展脉络。

二是海派文化印记强。

自20世纪30年代固化海派旗袍文化始，作为一种文化现象，无论在世界的哪个地方，旗袍始终代表了中华民族的女性典型服饰符号。而海派旗袍是其中被传承、被改良、被传播的主要介质。荣氏眷属的这批旗袍，保有浓郁的海派文化意蕴，说明虽然离开大陆年已久远，但依然有一种强烈的民族认同感、故乡情怀。

三是材质工艺多元化。

此批102件（套）旗袍珍品，除了传统面辅料（麻、丝、棉、毛），还有更多的基于聚酯纤维、改性纤维的面料，被大胆地应用于主辅材料；甚至将厚重的家纺材料作为旗袍的主要面料。这在上海、在大陆都很少见到。有些制作加工工艺，既保持量身定做的“高定”传统，体现海派旗袍的时装化，又借助了现代机械制造业和新式工艺的发展成果。

四是藏品背后故事多。

荣宗敬、荣德生兄弟的创业打拼，为家族积累和留下了充裕的财富和人脉。荣家的贵妇、名媛们，通过联姻，都有涉及荣家和其他望族的生动的故事。因此，在欣赏和诠释该批旗袍时，除了面料质地、工艺特点、文化符号、年代背景外，可以更多地回味每款旗袍和每件旗袍拥有者背后的人文故事，使之品鉴出人生的百种况味。

四

《轻裾随风——上海大学博物馆藏荣氏家族旗袍》一书，概要地撷取荣卓如等八位女眷曾穿戴、定制、收藏的旗袍样式，用以共享几位曾经的名媛对旗袍的钟爱和审美情趣。这些旗袍，是在100件（套）中选出的典型佳作，每一件都保有精彩的背景故事。

上海大学博物馆珍藏并展出荣氏眷属源自中国沪、港、澳、台地区、域外唐人街的各色定制旗袍，是一件非常有意义的民俗文化、非物质文化遗产的收藏壮举，有利于深入研究海派旗袍的发展脉络与发展趋势，丰富“海派文化”的典藏。

荣氏眷属虽天各一方数十载，但对海派旗袍依然趋之若鹜，对海派文化依然心向往之。裙裾虽有型，文化情结深；任君度客乡，旗袍随风行。

蒋昌宁
上海纺织博物馆创始人、原常务副馆长

荣氏家族旗袍的面料特色赏析

AN APPRECIATIVE ANALYSIS OF THE CLOTHING MATERIAL USED FOR THE QIPAOS OF THE RONG FAMILY

中华民族的服装文化十分丰厚，表现出每个时期人们的物质文化与精神审美取向，甚至成为一种身份符号，故而其重要性已远远超出服装本身的价值。服饰的面貌是社会历史风貌最直观最写实的反映，从这个意义上说，服饰的历史也是一部生动的文明发展史。旗袍，是近现代女装突破封建礼制所迸发出的一支奇葩。即便是在20世纪三四十年代物质生活相对匮乏的时代，人们也从未停止过对美好事物的向往和追求。旗袍亦如宋词元曲般绮丽婉约，至柔至美，于简洁之处见气质。

一、名家旗袍收藏的价值

我国是历史悠久的衣冠大国，不仅有丰富的考古资料记录其服饰发展的历史，在古代神话、史书、诗词、小说以及戏曲中，与服饰有关的记载也随处可见。在这个由56个民族组成的多民族国家，伴随着民族间的相互融合，服饰的样式和穿着习俗不断演变。历代服饰不仅朝代之间有明显的差别，同一朝代的不同时期也有显著的变化。几乎从服饰出现的那天起，人们就已将其社会身份、生活习俗、审美情趣，以及种种文化观念融入服饰中，旗袍便是中国女性服饰中的奇葩，它脱胎于满清旗女的长袍，却挣脱了封建旧制的桎梏，兼收并蓄中西服装的精华，形成了近代中国女子标杆性的时尚着装，影响沿袭至今。

近期，上海大学博物馆入藏了百余件旗袍，源自上海老旗袍珍品馆历时十余年的追踪收集，是中国实业家荣氏家族中以荣慕蕴、荣卓如、姚翠棣、荣辑芙等为代表的女性所着旗袍，跨时为20世纪30—90年代。由于她们大都生活在上海，后旅居海外及香港地区，故而在衣着上注重或者承袭了中国服饰特色，特别是旗袍的款式、工艺等都明显具有海派旗袍的风格。她们还将旗袍作为出席重要场所的礼仪服饰。所以这批来源清楚，服饰款式丰富，做工讲究，保存完好的旗袍，具有很好的收藏、研究、展示价值，观者可以了解到其服饰的时代背景、文化背景和地域信息，其历史人文价值显著。此外，该批旗袍的形式多样，面料应用丰富，制作工艺讲究，绝大部分配有外套，有马夹、披褂、短装、西装等，适合不同气候及场合使用，我们可以从中窥见其时代性和文化性趋向，看到海派旗袍在中西文化交融中的影响。可以说，它们是研究当代服饰的侧面之一。

图1. 荣氏旗袍一组

二、旗袍的主要时代特征

旗袍，是中国的服饰文化在人类文明的发展过程中极具魅力的服饰之一，被誉为“东方的神话”。其演变，主要经历了清代旗女之袍、民国旗袍和当代旗袍三个发展时期，其中尤以民国旗袍最为经典。

1. 清代旗女之袍

泛指旗人所穿的长袍，早期较为简朴，相对合身，便于行动。后来由于生活的安定富裕以及受到汉族服饰文化的影响，日趋奢华和繁琐，袍身、衣袖变得肥宽，领缘、襟缘、衣摆和袖口处，镶、滚、绣、嵌、贴、盘、钉等工艺手法，在旗服中样样俱全。

2. 民国旗袍

清末，满汉合流之际，汉族女子效仿旗人女子穿旗袍，因为民国时期女袍上有与旗人之袍相近的诸多特征。这种宽博长大的旗装，大多出于保暖、易穿脱等实用需求。也有学者研究认为，“旗袍”与女权有关，被赋予与当时男子长袍平起平坐的意义。甚至有人认为，民国女子最早的旗袍就是完整的男式长袍，或者是男式长袍女性化的改良形式。

20世纪20年代初，旗袍开始普及。但不久，袖口逐渐缩小，滚边也不如从前那样宽阔。至20世纪20年代末，因受欧美服装影响，旗袍的样式也有了明显改变，如缩短长度、收紧腰身等，其改良趋势也是朝着适体、简洁的方向发展。20世纪30—40年代是旗袍发展的黄金时期，甚至引领民国时期都市女性服饰潮流，曾被中华民国政府定为国家礼服之一。

旗袍主要形制特征

清初的满族旗袍	圆领，袖子窄紧，衣身略窄。领口与大襟处有细滚边，衣摆呈喇叭形，没有开衩
清中期的满族旗袍	更加宽肥，小立领，大襟，衣袖肥宽，直身，圆下摆
清后期的满族旗袍	衣身已经变得十分宽肥，仍保持着直身的外形圆领，大襟，圆下摆，两侧开衩
19世纪后期的汉族妇女服饰	上衣为大袄，元宝领，直身窄袖，衣袖短至手腕，衣身开衩，下身穿百褶裙，裙上带有如意云头纹
20世纪20年代的汉族妇女服饰	上为短袄，立领，大襟，窄身，倒大袖，圆下摆，衣领、衣襟、侧襟均有盘扣。下身为黑裙，长及脚面
20世纪20年代的马甲旗袍	当时流行在短袄外面加罩一件长马甲，取代长裙，这种款式被称为马甲旗袍
20世纪20年代的倒大袖旗袍	立领，方圆襟，衣身略显腰身，衣袖为典型的倒大袖，衣长至小腿，无开衩
20世纪20年代的长袖旗袍	立领,斜襟，衣袖窄直，收腰明显，两侧开衩。盘扣分布在领、襟、侧门襟
20世纪30年代的短袖旗袍	立领，斜襟，短袖，窄身，衣摆至小腿,两侧开衩，盘扣分布在领、襟、侧门襟
20世纪30年代的扫地旗袍	立领，斜襟，无袖，收腰，直下摆，长及地面，两侧开衩较低，能衬托出女性的纤长身材
20世纪40年代的短旗袍	此时的旗袍制作出现了省道结构，胸省、腰省、臀省使旗袍更加贴身，线条简洁、生动
20世纪40年代的长袖旗袍	高领、斜襟，衣袖长而窄，袖笼收省，肩部安有垫肩。收腰明显，两侧开衩，衣襟使用了按扣
20世纪40年代的无袖旗袍	立领，斜襟，无袖，窄身，直下摆，摆长及膝，两侧开衩，装饰简洁，线条流畅
20世纪40年代的短袖长旗袍	立领，斜襟，短袖，仅包裹住肩部。衣身紧窄适体，衣摆长及脚踝，两侧开衩，高至膝部
20世纪50年代的短袖旗袍	立领，斜襟，短袖，收腰，圆下摆，两侧开衩，裙长及小腿，胸前和衣摆处有简洁的花型装饰
20世纪80年代的短袖旗袍	花瓶式旗袍，立领，斜襟，腰身曲线玲珑，衣摆至膝部，两侧高开衩，古典与新潮相结合

3. 当代旗袍

新中国成立后，全国大生产运动开展得如火如荼，女性以着“绿军装”和“工作服”为美。此时的旗袍处于社会的断层面，直到改革开放后，旗袍开始复兴，时装中重新出现旗袍，不脱古典风韵，引入了更多的潮流元素，在国际时装舞台频频亮相，风姿绰约尤胜当年，并被作为具有民族意义的正式礼服活跃在服饰界。

三、旗袍面料的织染印工艺特色

该批旗袍面料选用极为丰富，提花、印花、绣花、针织，以及织染印绣相融合的丝绸绉绡缎类面料居多，还有少量薄呢或粗花呢、混纺等毛料，更有一些东南亚地区的特色面料，包括装饰配件，反映出一定工艺技术信息，具有很强的时代特性。正是因为面料的不断创新，为我们带来了多变的服饰形象，尤其随着20世纪外来面料及纺织材料的进口，国人可选择的服装面料范围扩大，旗袍制作用料也同样如此，除原来的丝绸、亚麻、毛纺、棉布之外，还增加了针织品和各种人工合成纤维，如尼龙（Nylon）、涤纶（Polyester）、特丽灵（Terylene）、的确凉（Dacron）、莱卡（Lycra）等，由此使旗袍面料质地的丰富性大为提高，大大满足了不同气候、不同场合的穿着需求，进而被视作某种生活态度的流露，尤其对于荣氏家族女性而言更加有着非同一般的意义，甚至可算是中华女性在某些社会层面上的形象代言。

虽然制作旗袍的面料丰富多彩，但质地柔软、光泽迷人、性能优良的高雅丝绸，依然是其他任何纤维所无法超越的，它们始终是旗袍用料的最优选择。下面以该批旗袍中绉纱类轻柔的丝绸面料为主要对象逐一赏析。

1. 绉类面料

绉，是一种通过丝线加捻，多数采用平纹组织或绉组织为基本组织结构织，形成具有绉效应外观和一定弹性的丝织物。这种织物具有悠久历史，古代称“縠”。《周礼》中载“轻者为纱，绉者为縠”，说明古代的纱与縠是有明显区别的。縠产生于何时？据《嘉泰会稽志》载：“縠首见于越国”，即春秋时的越地就善长制织縠。从汉墓出土的丝织品分析，汉代时使用加捻技术已较普遍。唐宋时均土贡縠类织物，明清时这种起绉织物更加兴盛，《增韵》：“绉纱曰縠”，于是縠的名称逐渐被绉或绉纱所替代。

绉织物的结构形态与一般织物相比，主要表现在外观呈现凹凸不平的现象，其特殊的形态，不是通过织物组织结构变化形成，而是由丝线加强捻后产生皱缩形成，十分奇妙。绉织物的特点是光泽柔和，质地轻薄而富有弹性，尤其抗折皱性能优于其他真丝绸。现代织物中的绉类织物涌现了很多新品种，虽以平纹结构居多，但在丝线加工和工艺规格设计上有较多变化，故而呈现不同外观风格。

（1）双绉

双绉是素绉中最具代表性的，其经线不加捻而纬线加强捻的纯桑蚕丝白织绉类织物，平纹结构。由于加强捻的纬线以两种不同的捻向（S、Z）交替织入，织造下机后经精练整理，形成自然弯曲凹凸的绉效应而得名。练熟后的绸一般还需作染色、印花加工整理，以适应更广泛的用途。双绉织物手感柔软，富有弹性和极好的透气性，故夏季穿之较其他平纹类织物要凉爽（图2）。

图2. 双绉面料（放大50倍）

该批旗袍中荣毅仁之妹荣辑芙穿的一件“浅紫地叶形纹印花双绉长袖旗袍”就属于该类面料（图3、图4）。

图3. 荣辑芙（荣毅仁之妹）

图4. 浅紫地叶形纹印花双绉长袖旗袍及面料

（2）顺纡绉

吴盈锢女士穿的“宝蓝顺纡绉地串枝印花珠片绣旗袍”十分有特色，其面料为顺纡绉，地部有明显的不规则竖条皱纹，由于经纬密度不是很大，故质地较薄。但采用印制深色地串枝彩叶纹的纹样设计，避免了质地较轻薄的缺陷，并且在枝叶处又特别用丝线钉缀了圆珠片，强化了纹饰的艺术效果，十分别致（图5、图6）。

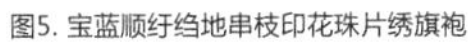

图5. 宝蓝顺纡绉地串枝印花珠片绣旗袍

图6. 面料局部

该种类型的绉织物在工艺上最大的特征是纬线加单向强捻，在织造上只需一把梭子制织，生产效率比较高。织后的生丝坯绸经脱胶精练后，织物外观会出现非常奇妙的纵向条状褶皱，且无规则，这一现象特征被称为“顺纡”，由此各类顺纡绉可根据不同的蚕丝纤度、密度和捻度设计，呈现出强弱不等的绉效应（图7、图8）。由于顺纡绉的效果比较新颖，提花顺纡绉也有不少，一般提花部分的组织是缎纹，但由于经密不会很高，为防发疲现场，缎纹提花的花型不宜太大。即便如此，在满地绉纹上点缀朵朵花纹，也是相当别致的。

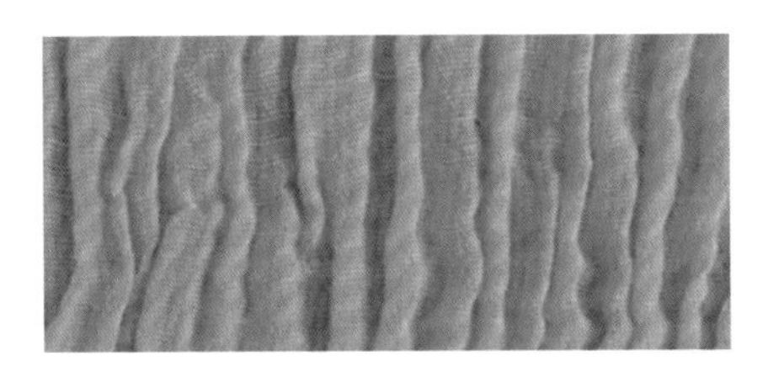

图7. 面料局部

图8. 面料局部

（3）高泡绉

在全真丝提花绉类织物中具有高泡效应的提花绉是十分具有特色的，由于结构较为复杂，当属丝织品中的高档织物。此批旗袍中应用该种面料的仅有一件，即是姚翠棣所穿的“几何双层提花加印花绸短袖旗袍”（图9），其提花纹样为菱形几何，因采用了双层袋组织，使菱纹凸起，并有不规则的绉痕，显得凹凸不平，其上又加饰了横条纹的印花，使织物增强了肌理感和色彩感。

该类织物需由两组经线和两组纬线交织，其中一组经线和纬线不加捻，另一组经纬线加强捻，在结构设计上地部为平纹接结组织，花部采用双层袋平纹组织，利用表层丝线不加捻，而里层丝线加强捻的工艺原理特性，经精练、染色、整理后，使加强捻的丝线产生较大的收缩，从而迫使不加捻丝线交织的平面形成凹凸效果。根据这一高泡原理，捻度越大，则泡起的程度越大。为强化泡起的花纹，纹样设计一般以粗线条和块面的写意花卉、几何纹为主。其织物特点是手感松软、弹性好、立体感和肌理感特别强（图10）。

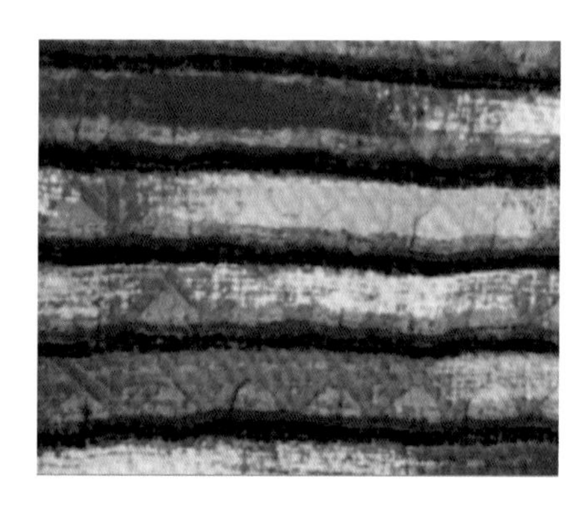

图9. 几何双层提花加印花绸短袖旗袍面料

图10. 高泡绉织物中典型的品种——青岛绉

2.纱类面料

纱是一种质地特别轻薄，又具有明显细小孔眼的平纹织物。纱的经纬线全部或部分采用弱捻，生色丝织造，因密度较小，故织物表面能形成孔眼的轻薄丝织品。古籍中有“方孔曰纱”，古诗中有“轻纱薄如空”之句，可见纱的薄与透是其基本特征。

（1）乔其纱

原产自法国，以桑蚕丝为原料，经纬均加强捻的生织织物，需经练染后为成品，一般还要进行拉幅整理，使面料更具备多种用途的功能。由于织物绸面呈均匀细致的绉纹和细小孔眼，质地稀疏透明，故俗名“乔其纱”（图11）。乔其纱的规格比较多，每平方米重量一般为35—52克，重磅乔其纱重量可达每平方米67克。轻盈飘逸，质地透明，极富弹性，具有良好的透气性和悬垂性。其绉效应的奇特的外观效果根据原料粗细、捻度大小及经纬密度的变化有所区别，但该种织物缩水率很大，达10%以上，因此缝制前需在清水中浸渍缩透。

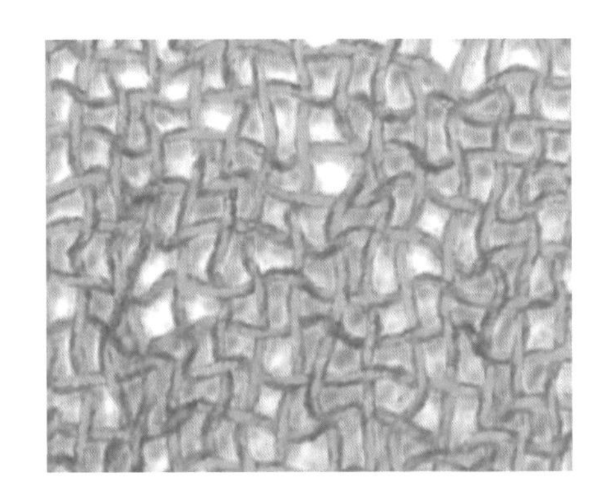

图11. 经纬均加强捻的乔其纱织物（放大50倍）

荣卓如所穿“湖蓝色乔其纱钉片无袖旗袍”便是以素色乔其纱为旗袍主料，另用片珠钉缀作装饰，显得轻盈而秀雅。另件由姚翠棣所穿着的“蓝色蝴蝶纹织金乔其修背纱连袖旗袍”的面料，则属于提花乔其修背纱，且提花部分用的丝线以扁金线为主，一只只展翅的蝴蝶金光闪闪，跃然绸面，别具特色（图12）。

图12. 蓝色蝴蝶纹织金乔其修背纱连袖旗袍（姚翠棣穿）

（2）提花修背纱

提花纱类织物是20世纪60年代出现的创新品种，优秀传统品种中碧玉纱就是典型一例，在织物结构和织造工艺上比提花修背乔其纱更为复杂，但风格上有异曲同工之处，只是在原料应用上更为丰富，为桑蚕丝作经，黏胶人造丝、锦纶丝、金银线作纬的色织提花纱类丝织品，不仅织物的花部具有闪烁的星点特征，且具有高花效果，是20世纪内外销丝绸中的佼佼者（图13、图14）。碧玉纱在织物结构上，地部组织为二绞二对称纱地，花部通过锦纶丝作为背衬所起到的收缩作用，使有光黏胶人造丝和金银线同步凸起，形成高花，纬花与地部的绞纱组织通过平纹包边锁住，因而整体结构稳定，地部平整通透，花地分明，华贵雅致，被用作礼服绸等。

图13. 碧玉纱之一

图14. 碧玉纱之二

3.绡类面料

真丝绡是最为典型的全真丝绡类素织物，平纹结构，由加捻的经纬丝线交织而成，质地轻薄平挺，孔眼清晰，较多用于晚礼服、宴会服和婚纱的面料，也会被用作刺绣的底料。该织物在技艺上比较有特点的方面是经纬线采用相同的加工工艺，且经纬密度也相等，故织物紧度在经纬向达到平衡，使织物结构相当稳定，不易破裂。为达到轻薄的目的，其经纬线均为单丝加左右捻，再采用半精练工艺，仅脱去部分丝胶，故丝身刚柔糯爽，成为时装的高档辅料，更是制作双面绣的理想底料。

（1）提花绡

在真丝素绡基础上，设计经向采用不加捻的真丝或人造丝起缎纹花的花绡，是绡类织物的高档品种，如传统品种双管绡、新品种花影绡、凤羽绡等（图15、图16）。姚翠棣所穿“米色提花修背手绘短袖旗袍”是提花绡中比较复杂的，即在平纹绡地上起缎纹朵花，边缘用织入的扁金线包边修背，并在花朵上又用手绘方式填绘了多彩的颜色，使花纹更为精致突显，由于纹样布局为清地，故而面料做成旗袍后有清新之感（图17、图18）。

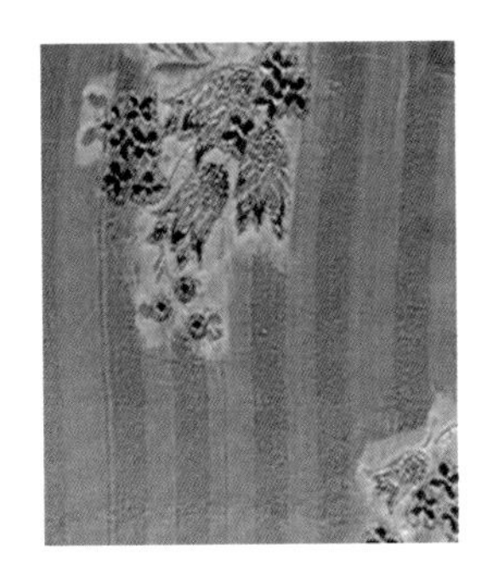

图15. 凤羽绡

图16. 经纬均加强捻的乔其纱织物（放大50倍）

图17. 米色提花修背手绘短袖旗袍

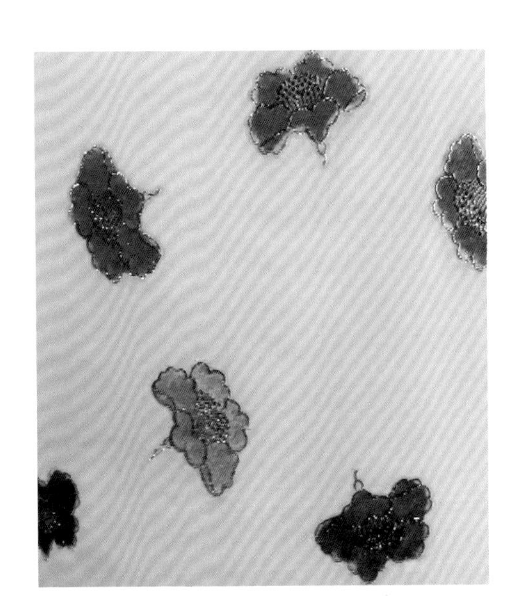

图18. 旗袍面料

（2）烂花绡

烂花绡是绡类织物中常见品种，该批旗袍中有多件烂花绡织物，如姚翠棣所穿“黑色芭蕉叶纹烂花绡短袖旗袍”（图19、图20）。这是利用两种不同性能的原料——如真丝和人造丝，或真丝和尼龙（或涤纶）交织成的平素织物，其地组织为真丝或尼龙起平纹组织，人造丝起绒或缎纹组织（5枚或8枚缎均可）。然后在练染后处理时，应用化学浆料，使地部平纹的人造丝烂掉，展露出透明的真丝或尼龙平纹绡地，其上保留人造丝绒面或缎面的花纹，从而形成绡地透明、花纹明亮、质地轻薄、花地分明的烂花绡。

正是由于应用烂花后处理工艺显出花纹，所以花纹可以比较随性地设计，其艺术风格变化多端，深受市场青睐，经久不衰。该织物大部分用于春夏季服饰、窗帘、台布等，主销东南亚国家和国内少数民族地区。

图19. 黑色芭蕉叶纹烂花绡短袖旗袍

图20. 旗袍面料

4. 绒类面料

“湖蓝色提花乔其绒中袖旗袍”是姚翠棣所穿的旗袍（图21）。乔其绒属桑蚕丝和黏胶丝交织的双层起绒类织物，其中地经和地纬均采用强捻桑蚕丝，绒经为有光黏胶人造丝，机械上浆。但该件提花乔其绒织入的绒花不仅有人造丝，还有金属

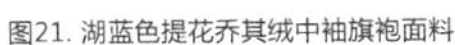
图21. 湖蓝色提花乔其绒中袖旗袍面料

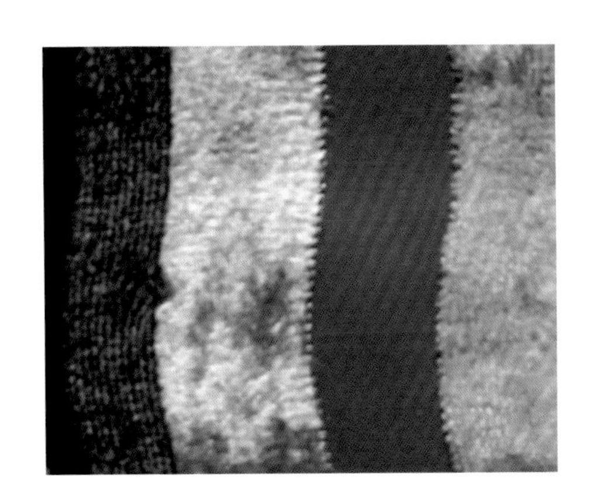

图22. 彩条乔其绒

铝皮线，在清澈的湖蓝色透明真丝绡地上，金色枝叶衬托着白色花朵，花心处也有金丝，可见使用了重经结构，工艺较一般提花乔其绒复杂。

提花乔其绒在品种上有乔其立绒和烂花乔其绒之分，一般乔其立绒地组织为1/2经重平，烂花乔其绒地组织为平纹，绒经为三梭“W”形固结，织造时采用双层分割法形成绒毛，地经和绒经分绕在两只经轴上，若为彩条乔其绒，则绒经需根据彩条的排列形式进行牵经（图22），其织物下机后需进行割绒、剪绒、立绒整理或烂花、印花等整理工艺，成品的绒毛耸立而富有光泽，手感柔软。用作礼服、裙服、装饰软装等。

结语

从这些旗袍面料来看，既有成熟产品，也有创新，尤其在纹样和工艺上也能感受到穿着者的审美与文化素养。20世纪60—80年代是丝绸行业新品种设计极受重视的兴盛时期，同时外来进口原料和来样生产状况也成为一种常态，由此扩展了人们选用面料的范围。然而这一时期的面料用于制作旗袍却为少见，只有旅居海外或香港地区的华人才会应用，可见这些传统面料的旗袍成了收藏中的类别，特别来自名门家族的服饰还具有人文价值，所以它们是特殊时期产生的独特服饰，也为当今旗袍的研究提供了诸多信息。

王　晨

苏州丝绸博物馆研究馆员

海派旗袍：一种无声的语言

SHANGHAI-STYLE QIPAOS: A KIND OF SILENT LANGUAGE

“对于不会说话的人，衣服是一种言语，随身带着的一种袖珍戏剧。”来自于张爱玲的《童言无忌》一文中的这句话，道出了衣饰的内涵：它不仅为穿用而制，更透着一种文化和艺术的底蕴、无声的自我价值表述，以及鲜明于一身的或认可、或排斥、或融合的艺术语言交流。

张爱玲，生于上海的这位名门才女，幼年得到传统文化的滋养，后曾入英国伦敦大学和香港大学学习，往返于沪港之间，后旅居美国，成为当时民国时期名门淑女中的风潮人物，她戏剧的一生成为时代的缩影。作为一生热爱着服饰衣装的新潮女性，在整个20世纪风尚云涌变幻的时代中，洞察着中国女性从闺阁中走向户外，走向世界。她以独特的眼光看待海派旗袍的源流变化，写下《更衣记》一文，见证着旗袍作为时尚的真正内涵，更将旗袍风行于摩登上海的来龙去脉娓娓道来，其中更是让今人看到了旗袍之所以能成为经典服装样式的端倪。

事实上，当时上海的时尚女子从清代满服中找寻一款长衫样式，又以西化中的“摩登”关联到“Dress”的礼服来寻求一种民国新样式，并且不断混搭出自己的新模样来。她们将女坎肩配穿在大袖的汉式女衣衫之外，又从西洋一体式的女礼服中找到平权的自信，从而将两者结合在一起，成为我们如今看来是假背心裙的款式外观。这种既传统又时髦的混搭风貌的奇装异服，恰恰被最有锐气的留洋女学生所追捧，她们标新立异，以着自己的着装来昭示女性的独立性，为新自我的认可和被认可而奋力一搏，这样的服装成为名门之媛的华丽而无声的宣言。以革新与开放为理念作为穿衣原则的这些望族之后正是这一个时代的新锐，她们从小受到家族厚重的东方传统文化的滋养，也接受着西方革新思想的浸润，在变革的大时代背景下，成为一种新时代的时尚符号，为女性独立和自由而与世界对话。她们身着这一旗帜一般的海派旗袍，向世人昭示着其思想与精神的不同，展现了新的女性形象。

旗袍发展的三十年间，新款新貌更是层出不穷，经历了领型、袖身、腰省和衩摆的各种变化。它最终在20世纪20—40年代形成以展现女性曲线美的礼服，也成为各阶层都接受并穿用的日常服装。它是一种东西方文化糅和具象，也是女性平权意识觉醒的认同，而在上海这个“摩登”的大都会，这种认同成为海纳百川都市文化的最为根本的底蕴构筑基础，变幻出一道亮丽的风景线，将上海推向世界服饰潮流前沿。

20世纪20年代至40年代末，在大都会高楼林立的城市景观下，华人居民的生活习俗与外国传入的事物、文化和制度交织出一种独特的都市生活风貌：走在时代尖端，成为现代生活的楷模，而作为重要的符号之一的旗袍改变女性传统的宽体而可怜的旧貌。在女穿长衫潮流推动下，女子的中式长衫变成露臂、收腰的新款袍服：旗袍。女子对于自己身体曲线美的自信随着时代文明的进步而被广泛接纳。新女性之袍服彻底摆脱了老式样，变成了一款立领紧身的“一片式”裙装，成为女性独立和解放的无声宣言。这款旗袍从20世纪20年代新学而至的女学生旗袍到30年代服装潮流无一日不新样的十里洋场中摩登女郎、交际名媛、影剧明星等，在旗袍式样上的标新立异，促进了它的风行如潮：

在上海滩上旗袍曾经有过的能衬托出瓜子脸的“元宝领”、露出手腕小臂的“喇叭管袖子”到露出脖颈的中、低立领，长、中和短袖款以及高高低低的衩口和长长短短的裙摆边，都将潮流的瞬息万变尽显而出。至于花边装饰更是随时代审美变迁而走向简洁：从镶滚大花边到蕾丝小花边，从素色指宽小条边到纤纤的细香滚，以及到最后无任何镶滚装饰；从彩蝶花卉的盘纽到隐而不见的揿钮或拉链，女性着旗袍的整体形象也越来越显得干练而严谨。正如当时上海的应景之句说道：“乡下姑娘要学上海样，学死学煞学勿像。学来稍微有眼像，上海又调新花样。”

海派旗袍与香港也有着千丝万缕的关联，正如张爱玲《更衣记》所言当时流行着“四分之三袖”：不长不短，刚好露出手腕以露出风雅的腕饰，又便于女子读书习文上洋学。张爱玲在上海得闻这种袖型是香港发起的，而香港人又说是上海传来的，互相推诿，不敢负责。复古的时髦的样式虽然得到女子们的满心欢喜，但对于这样一双袖子翩翩归来，绝然是预兆形式主义的复兴。在19世纪特殊的历史条件下，沪港两地成为西方商旅和新式事物的汇聚地，是国人了解西方现代文明的窗口。两者在城市发展进程中，都凭借着相对安定的治安环境和相对内地繁荣的经济和丰富便利的生活资源，吸引海内外人士来此安居或从事商旅等活动，从而加快了城市现代化的步伐。在大都会的城市发展模式下，两地形成相类似的文化生活，走在了时代潮流尖端并被誉为“摩登”（morden）生活。于是，汇聚各种思潮和审美情趣的沪港两地，孕育着旗袍潮流震荡往复，仿佛旋涡般，或向传统的一方面走，或向西洋的一方面走，两边的细节虽不能全然搬用，但轮廓或者面料却可尽量引用，游走于两端的元素，一起揉捏着用得活泛，不断碰撞与融合，适应着现代环境的需要。

如今，海派旗袍更是成为世界华人相互认同的服饰符号，无论是后来传播到了

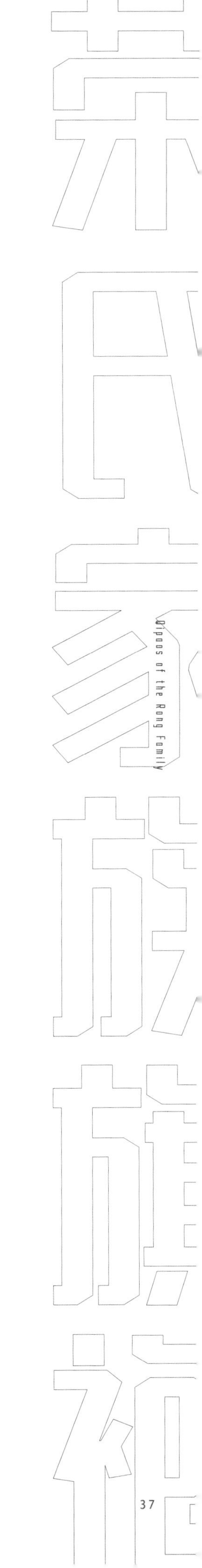

香港，还是远渡到了欧美，旗袍所象征的文化融合的精神，以及独立和知性的人文气质一并承载。这已经超过了女性对于自我独特女性美学的欣赏和自信的表达，而更加彰显浓厚的东西方文化的融合意识，成为西方眼中认可的亲切的东方气韵，同时也是华人世界中“乡音不改”的文化认同。

岁月荏苒，历经沧桑，旗袍经过时代的更迭与洗礼，在今天愈发呈现出独特的魅力，既古典又时尚，既雅致又现代。随着海派文化的再阐释，作为服饰文化代表的旗袍，因其典雅华贵的气质、融汇东西文化的特殊背景和女性自审与独立对于社会文明进程的重要昭示都让她重新焕发出璀璨的光芒，如星辰般指引着方向。张爱玲的旗袍或只留下黑白照片，有着丰富内涵的旗袍成为守护着她那一颗孤傲而又锐利灵魂的甲衣。可惜的是以“奇装异服”为爱好并以此为宣战武器的女子并未能留下她的战甲以供人追忆这段历史，我们仅仅从她富于鲜明个人风格的文字中才能想象出她穿过的那些风光无限的海派旗袍。如今，我们只能在欣赏月份牌或者是名人照片的时候看到望族旗袍的依稀的模样，默默感慨不得亲见她们珍爱的旗袍的遗憾。虽然在上海地区的各个博物馆，如上海市历史博物馆、上海纺织服饰博物馆和上海纺织博物馆等博物馆展厅中不时能感受到海派旗袍的魅力，然而那些旗袍的主人是谁却不得而知，背后的故事更是无从讲起。

值得庆幸的是，徐景灿、宋路霞等为收集海派旗袍之事奔波近十年，在他们赤诚之心的感动下，海上望族的后人们纷纷配合捐赠精美的旗袍，让名门内院所藏旗袍犹可一追。在多方协助之下“荣氏家族旗袍”100件（套）得以集中留存并转赠给上海大学博物馆收藏。这些旗袍都来自近代民族纺织业的开创者之一的荣氏家族。作为清末民初开创荣家事业的荣宗敬和荣德生，是上海滩工商业界的先驱者，在海外被誉为“中国的洛克菲勒”，在国内被毛泽东同志誉为“中国民族资本家的首户，中国在世界上真正称得上财团的，只有他们一家”。荣家兄弟在上海十洋场间奋斗创业，而随行的子女们接受着海派新式教育。受到新风影响，荣氏家族的小姐们大多就读上海著名的中西女中。她们沐浴新学，在西风东渐的时代影响下，融入了海派文化的血脉，欣然接受了中西合璧的审美情趣，所穿旗袍无疑是精良而富有时代气质，是高雅传统与新锐知性统一的艺术品。

此次徐景灿、宋路霞等向上海大学博物馆捐赠的荣氏家族旗袍100件（套）为何人所穿都备注明确。据宋路霞女士所言：这些精美的荣家旗袍，绝大多数都是1949年以后，在纽约的名门闺秀包括严幼韵、赵四小姐、蒋士云等等，飞赴香港定做的，比如其中所见到的各色珠绣旗袍都是出自香港。除了配套的西式外套上显见的欧美流行款样之外，其中较特别的一套是“灰地珠绣印花绸旗袍+法国制米地珠绣蕾丝马夹”的组合，呈现出中西合璧的旗袍混搭风貌。其余所捐服装更多是以成套“

旗袍+西式外套”为多见的搭配方式，而非旗袍和外套分别成衣而后临时搭配穿用，这种搭配更符合西式礼服中套装的概念，也体现出20世纪下半叶海派旗袍风格和时代特征。这具有重要的收藏、展示和研究价值，对于海派服饰艺术和文化、家族历史而言，具有重要的学术研究意义。荣氏家族的女眷们所珍藏的旗袍服饰精致而美丽，不但内含丰富的文化底蕴和人文故事，同时也是中国纺织服饰发展史上重要的物证。

就单独观察旗袍而不考虑到配套外套，它在设计上融合西式的元素主要体现在细节上，比如面料有见蕾丝，涂层面料等；装饰工艺有缀假宝石、镭射闪片或盘绣缎带等。这与当时欧美流行样式有着紧密的关联，也反映出不同时代中西方审美趋势的变化与融合。总体而言该批旗袍选料上乘，品种多样，既有国内产高品质的绸缎、绢纺、绉类和漳绒，也有欧美流行的花缎、毛呢、割绒、烂花和多种成分混纺的时尚面料。一件旗袍面料常以多种工艺来装饰，比如暗花绸缎上再添印花、修金、笔绘、彩绣、亮珠、闪片、绢花或缎带等，常见三种工艺同用，既能体现出现代工业制造技术，也兼具传统织绣工艺特色。这批旗袍有相当部分是选取了海外的新型面料和加工工艺，无论是涂层、闪片，还是刺绣的方式，或是当时新型化纤混纺面料，都能发现旗袍的裁剪制衣或许在上海或是香港，然而面料却是随着世界潮流发展，并未落伍。这一切无不揭示当时的新女性经过半个世纪之后，仍然将旗袍诞生起就赋予的革新精神一并传承，女性独立自主地选择和与时俱进的能力一直在延续着，就如同海派文化中卓越的精神一样，融合世界的文化，海纳百川，包容并蓄。

这批旗袍来之不易，最为珍贵的价值就在于来源十分明确，每一件都由徐景灿、宋路霞及其团队直接与荣氏家族后人接洽所获得。不仅如此，荣氏后人们的口述家族历史更是记录下了旧物所属之人物生平，随之也获得旗袍穿着的相关老照片资料，将人与物之间千丝万缕的关系记录在册。作为收藏单位的上海大学博物馆获得的不仅是百件旗袍，还有从人物传记到旗袍使用情况，以及着装的影像资料都得到了一一对应的翔实而科学的记录，这些重要的史实信息对于研究旗袍的历史、文化和艺术都有着重要的意义。这批珍贵旗袍，背后的人文历史情怀和故事，有利于研究者更好地对海派文化进行多维度的价值阐述。感动人的不仅是艺术品文物本身，还有循迹到那曾经于上海滩风华绝代的名媛经历的峥嵘岁月。如此丰厚的精神财富附着在一件件华美绚丽的旗袍上，睹物思人，令人敬仰又耐人寻味。

于 颖

上海博物馆工艺研究部副研究馆员

海派旗袍的时代

THE AGE OF SHANGHAI-STYLE QIPAOS

最初见到上海老旗袍珍品馆从海外收集到的这批荣氏家族旗袍时，很诧异于其设计之现代、面料之时尚、工艺之奢华。这种完全符合海派旗袍特征的式样，却与以往所见绝大多数的民国时期的旗袍风格有着显著差异，其面料用色大胆，套装搭配新潮，织绣工艺细巧，又几与今日的时尚审美相通。

从中国的服饰发展史上来看，海派旗袍的出现不啻为一大事件。这是民国成立后新思潮在服饰文化上的深刻表现，是近代“文明新装”的一次定型，是现代女性突破传统束缚，融入社会生活的最直接路径，也成为新女性鲜明的符号象征。从此意义上讲，旗袍能在诞生不到十年的时间里被认定为“国服”，并非出于偶然。

文化的转型与变化并非一蹴而就，而是历经了长期的酝酿和多元的影响。服饰亦然。现代意义上的旗袍诞生的确切时间较难考证，即便如时人周瘦鹃、张爱玲等，也仅能推测其约摸形成于1920年前后①。20世纪20年代前期流行的旗袍，是为御寒的着装，就目前所见文献资料可知，这种旗袍只在冬天穿。据说因辛亥后北京旗人生活日渐拮据，遂将袍褂典当，这些旗袍流入上海等地，而上海的民众独具慧眼，购入作为御寒的冬装（最初亦有用于演剧）。这种旗袍的功能和款式颇类于西方19世纪末出现的女式大衣，而价格则低廉很多，因此很快为追求时尚的女性所青睐（一说由妓女所主导。自晚清起上海的妓界即引领着流行时尚，且有所谓“海式样”之说）。1921年一篇署名独鹤的文章《大衣与旗袍》②，或可窥见两者的关系；而1922年《时报图画周刊》上的一幅“海上流行之旗袍”，女画家陈映霞所绘女子穿着旗袍的形象，也与大衣着装颇为相似③。这一时期的旗袍，似可目为西式大衣的中国版。

今天常见或公认的旗袍款式，应当称为现代意义上的旗袍，其极少用于冬季保暖，而以更为轻盈的面料、更为立体的设计为区别。事实上，现代旗袍虽以“旗人”之“旗”命名，但与有清一代的“八旗袍褂”等装束恐怕非属一物。这种新式的服装，当是出现于1925年至1926年间。1925年报上出现春季穿旗袍的介绍，配图还有冬装旗袍样式的明显留痕④；而到了1926年《新妆特刊》夏季号上所绘的“初夏旗袍”⑤，显然与此后的海派旗袍“衣”脉相承了。1926年出现的这种夏装旗

① 所见最早报刊文献中对女子旗袍的记载，可能是1919年12月14日《大世界》刊登的天台山农（刘山农）的《女子穿旗袍感言》。
② （严）独鹤. 大衣与旗袍 [N]. 新闻报，1921-01-13.
③ 陈映霞. 海上流行之旗袍 [J]. 时报图画周刊，1922.
④ 心心. 春季风行之旗袍装 [J]. 时报图画周刊，1925.
⑤ 初夏旗袍 [J]. 新妆特刊，1926（夏季号）.
⑥ 卞向阳教授即认为旗袍流行的起始时间为1925年。参见卞向阳. 论旗袍的流行起源 [J]，装饰，2003（11）.

袍，与过去御寒所用的冬装旗袍完全不同，其采用了纱罗、印度绸等面料，在款式设计、面料选取等方面，更接近于今天的旗袍样式[6]。从1926年《新装束》一文中提到的“旗袍风行沪上较往年为甚”[7]，以及《中国摄影学会画报》记载的“北四川路某广东女校，规定国货蓝布旗袍为校服”[8]等事件可知，是年旗袍已然成为流行时尚。而一度占据上海的军阀孙传芳禁穿旗袍的命令，也让社会民众在参与议论的同时，以提倡穿旗袍作为民主抗争、女性解放、反对军阀统治的义举。倘若说1925年还在“劝女同胞勿着旗袍”[9]，到了1928年的各种媒体舆论上已充满着“穿旗袍好看”[10]的言论，这也为旗袍在次年成为“国服”奠定了民意的基础。

现代意义上的海派旗袍的设计源头，应与20世纪20年代西方流行的直筒连衣裙等服饰有关，同时在设计上，其早期一定程度上借鉴了民国成立后发明的“文明新装”，尤其是倒大袖的设计元素，但一改传统中国女性着装衣、裳分离的设计，形成了上下连体的样式。这种新式的服装不完全等同于西方的裙装，与传统中国女性服饰的上衣下裙两截式样也不相同，而与当时旗人所着的袍褂、中国传统的男式长衫有一定的近似性，故而在中文“旗袍”、英文“cheongsam”的命名中分别借用了其名称。诞生于上海的旗袍，与以北京为代表流行的所谓的“京派旗袍”不同[11]，也与广东形成的旗袍样式有较大的差别，因而名之为“海派旗袍”最为恰当。这种海派旗袍的样式，便是今天最为常见的各种旗袍的原型。

海派旗袍诞生于20世纪20年代，正是现代西方第一代服装设计师和流行服饰出现的时代，也是在画报、电影催生下，明星不断涌现的时代。从西方传入的流行时尚文化率先影响到上海。1926年，《良友》画报创刊，首个电影博览会举办，首次影后选举上演，是年也开启了上海小报创刊的高潮。而这一年，亦是美国经济学家乔治·泰勒（George Taylor）提出“裙长理论”（Hemline Theory）的年份。在西方流行文化的影响下，中国的美术设计师诸如江小鹣、叶浅予等，以及文化界的活跃人士如张幼仪、陆小曼等，涉足旗袍的设计和经营。与现代旗袍几乎同时诞生的《良友》画报，也成为流行文化最重要的传播载体之一，其中刊登了各种身着旗袍的名媛、明星照片，以及有关旗袍的图片和文字，尤其是1940年的一篇《旗袍的旋律》[12]，见证和梳理了1925年至1939年间海派旗袍的演变脉络。

20世纪50年代以后，中国大陆的旗袍文化渐趋式微，而从上海等城市迁至港台及海外的移民，传承并弘扬着旗袍服饰的穿着习惯、设计理念、制作工艺和织绣技艺。某种程度上讲，20世纪五六十年代的香港文化，是海派文化的延续，移居于此的“外省人”（主要指上海人）将原本以海派文化为代表的中国近现代文化，特别

⑦ SVW君. 新装束 [N]. 图画时报，1926（290）.
⑧ 陈其惠. 礼拜六专电 [N]. 中国摄影学会画报，1926（66）.
⑨ 士杰.劝女同胞勿着旗袍 [N]. 绿痕，1925-04-08.
⑩（张）聿光. 穿旗袍好看 [N]. 民国日报，1928-03-06.
⑪ 近年如林星虹、刘文的《浅谈京派旗袍与海派旗袍的差异》（《山东纺织经济》2017年第10期）等论文，对“京派旗袍”与“海派旗袍”的区别有所研究。
⑫ 旗袍的旋律 [J]. 良友，1940（150）.

是其中的大众文化和时尚流行文化部分，在这里推向新的高峰。而那些望族名媛，也将发端于上海，代表了江南雅致和海派精致的服饰设计，以及具有强烈海派特征的旗袍文化发展到了极致。

以上海老旗袍珍品馆捐赠上海大学博物馆的这组荣氏家族旗袍为例，即是这一时期海派旗袍设计和制作的代表。与20世纪20—40年代的海派旗袍相比，这组旗袍在款式设计上整体延续了原有海派旗袍风格，但也有不少创新之处⑬。旗袍的样式、结构及工艺方面略有不同。在纺织面料方面则有了较大的发展，是当时新工业发展阶段的产物。这组旗袍的面料、配件，采用了当时领先潮流的材质，虽然涵盖绸、缎、绉、绡、纱、绒、呢等多种传统大类，但其中不乏运用当时流行的新品，如高泡绉、乔其纱、灯芯绒等；在面料纹样显花和装饰工艺上，也将多种技艺融于一体，包括印花、提花、烂花、贴绣、珠绣、盘带绣，以及一度流行的镭射片绣等，相比民国时期的旗袍而言，更为丰富和多变。尤其是旗袍套装，外套既有中式长袖薄袄、中式马夹的搭配，也有女式西装的成套组合，更有一件法国产的珠片绣马甲与灰底真丝珠绣旗袍的巧妙混搭，在尽显奢华的同时，也表现出极高的审美品位。从上海离开大陆的名媛们，虽遥居海外，但旗袍仍是维系她们与中国文化记忆的纽带，她们在各种社交场合身穿旗袍，终其一生热爱旗袍艺术，这种对于中国身份和中国文化的认同感，也让她们曾经穿过的旗袍烙上了深深的文化印记。

20世纪80年代以后，海派旗袍随着“香港文化”的反哺大陆，以及海派文化深层记忆的再度勾起而重现上海，被视为近代上海文化的经典元素，也融入上海城市不可或缺的历史片段。虽然海派旗袍自诞生至今不过百年，却已拥有了丰富的文化内涵。此后无论是“海派旗袍日”的设立，还是各种旗袍协会和组织的创设，或是各类活动、展览的举办，都让今天的人们时常能在不同场合见到穿着旗袍的曼妙身影。作为海派文化博物馆，我们收藏荣氏家族旗袍和策划本次“海上明月　轻裾随风——海派旗袍特展”，更希冀能在保存和展示这批旗袍的同时，呈现给观众文明交流和文化传承的智慧，并为当代的艺术设计者提供灵感，以借鉴海派旗袍的成功经验。

漫画家黄文农在1927年戏绘了一幅“未来之旗袍”⑭，此时尚是海派旗袍出现不久，其设计不可谓不大胆，然而未几竟成为现实。海派旗袍的诞生有其特定的时代背景，是对中国传统服饰的改造，也是对西方流行服饰的中国化。于今，海派旗袍发展的土壤和环境仍然存在，迎合时代流行的变化，工艺技术的发展，面料材质的革新，审美旨趣的提升，倘能创作出既蕴含传统内涵，又赋予当代中国特色的新的服饰样式，将旗袍和传统服饰元素运用到今天的时装设计中来，再现中西服饰的完

⑬ 香港旗袍与近代上海旗袍的差异，可参见刘瑜的《中国旗袍文化史》（[M]. 上海：上海人民美术出版社2011年版），上海大学博物馆藏的荣氏家族旗袍中，很多都体现出这些差异特征。
⑭（黄）文农，未来之旗袍 [N]. 琼报. 1927-10-31.

美融合，这才是继承近代海派文化留给当代中国的珍贵遗产，也是海派文化所赋予的当代价值的体现。

郭　骥

上海大学博物馆研究馆员

策展人

2020年8月25日

荣氏家族旗袍

荣慕蕴·旗袍

荣慕蕴 Rong Mu-Yun

荣慕蕴（1896—1981），字素容，荣德生的长女。出生于无锡，先后就读于家塾和无锡竞志女中。与丈夫李国伟同心同德，患难与共，参与了荣家西部创业的全过程，尤其在安抚员工、稳定人心、增强企业向心力方面贡献卓著。晚年居住北京，任全国工商联委员。

荣慕蕴的旗袍由其孙女李明璆等捐赠。

青年荣慕蕴、李国伟夫妇

荣慕蕴、李国伟夫妇

荣慕蕴、李国伟夫妇（1954年）

荣慕蕴、李国伟夫妇晚年在北京寓所

荣慕蕴、李国伟夫妇与孙辈在北京寓所

荣慕蕴、李国伟夫妇与儿孙们

深紫色提花妇长袖夹旗袍

数量：壹件（套）
领长/cm：6.8
衣长/cm：119
胸围/cm：51
袖长/cm：62
肩宽/cm：无
年代：20世纪40-50年代

o Yun-Hwa's Qipaos

华若云：旗袍

荣一心、华若云夫妇

华若云（1913—1982），荣德生的第三子荣一心的夫人。其父华艺三是无锡著名实业家、画家，其母李佩黻为“锡绣”艺术创始人。受父母影响，华若云亦擅长国画。华若云的丈夫荣一心曾任申新三厂经理、无锡公益中学校长等职，1948年在空难中遇难后，华若云独自抚养子女，晚年移居巴西和美国生活。

华若云的旗袍由其女荣智安从美国夏威夷带回国内，经无锡辗转后至上海。

华若云（后左三）与亲友在永嘉路老房子，前左一是她的女儿荣智安

灰色印花绣珠旗袍
搭米黄珠绣马甲套装

数量：壹件（套）
领长/cm：6.5/无
衣长/cm：109.5/44
胸围/cm：41/40.5
袖长/cm：24.5/无
肩宽/cm：无/36
年代：20世纪60–70年代

ally Y. Wang's Qipaos
姚翠棣·旗袍

姚翠棣 Sally Y. Wang

姚翠棣（1914—2018），荣宗敬的女婿王云程的继室。出生于上海著名的建筑世家，其父姚锡舟先生以建造南京中山陵和修建上海外白渡桥闻名于世。姚翠棣是姚锡舟的第七个女儿，毕业于中西女中，1949年移居香港。

姚翠棣的旗袍由其子媳王建民、吴盈钿夫妇捐赠，由宋路霞、徐辉带回上海。

青年姚翠棣与她的母亲

青年姚翠棣

姚翠棣女士100岁生日

姚翠棣女士

姚翠棣女士（居中）与朋友在香港。前左为顾维钧博士，后左是顾维钧夫人严

王云程（左三）、姚翠棣（右五）夫妇与朋友在邮轮上。左一顾维钧博士，左六严幼韵女士

姚翠棣（右）与朋友

姚翠棣、王云程夫妇出席宴会

王云程、姚翠棣（前左三）偕儿子王建民与荣鸿三夫妇等欢聚

姚翠棣、王云程夫妇在社交场合

姚翠棣、王云程夫妇

蕾丝绚带钉片短袖旗袍

数量：壹件（套）
领长/cm：6.9/无
衣长/cm：108.5/58.5
胸围/cm：43.5/46
袖长/cm：11.9/47.2
肩宽/cm：38.4/37.6
年代：20世纪80年代

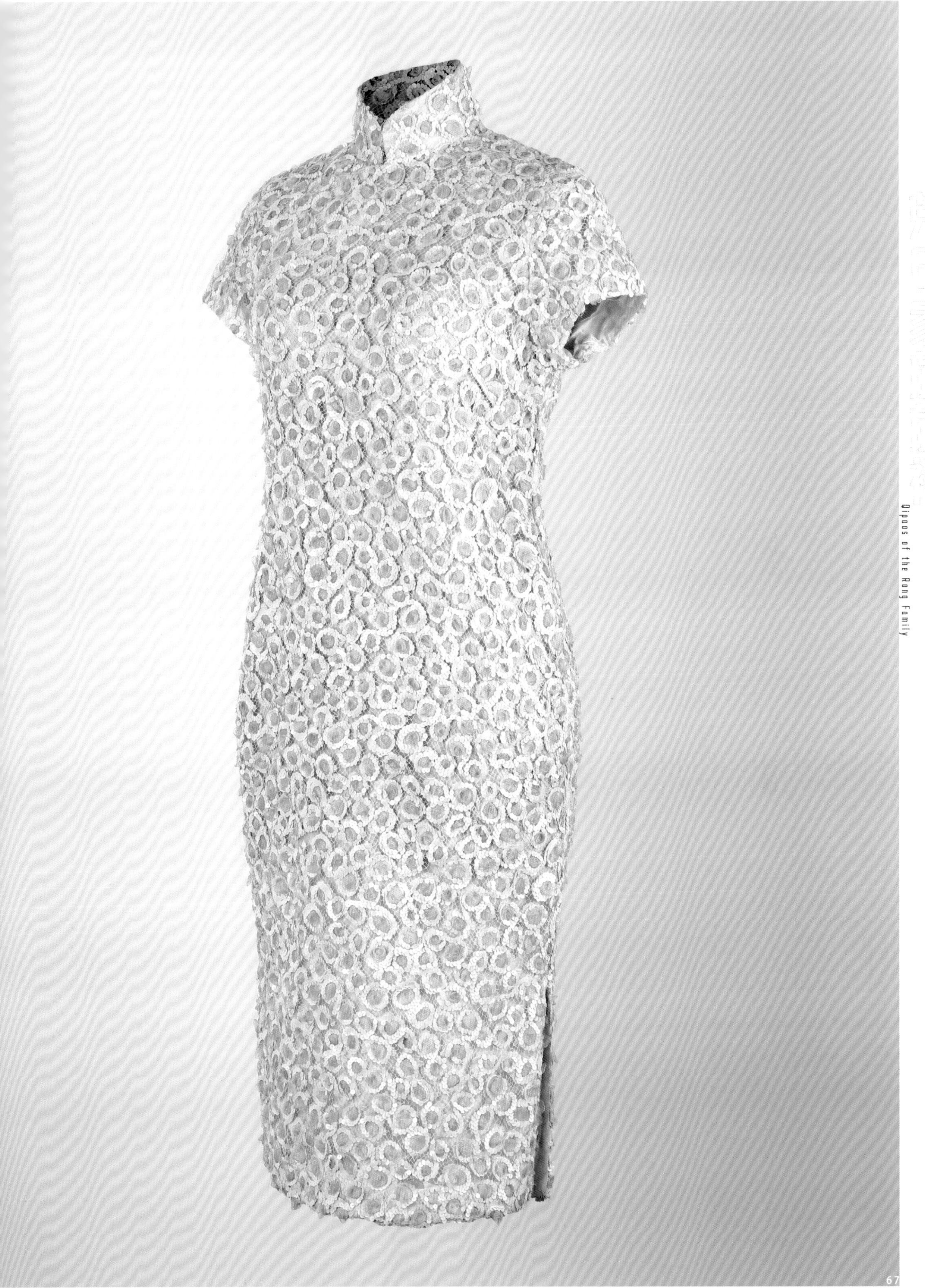

咖色印花提花绸闪片旗袍套装

数量：壹件（套）
领长/cm：6.7/无
衣长/cm：107.6/63.4
胸围/cm：45.9/51.6
袖长/cm：12/49.2
肩宽/cm：40/39
年代：20世纪80年代

绿色闪片旗袍套装

数量：壹件（套）
领长/cm：6.5/无
衣长/cm：107.5/60.1
胸围/cm：44.5/45
袖长/cm：13.4/52.5
肩宽/cm：39/42

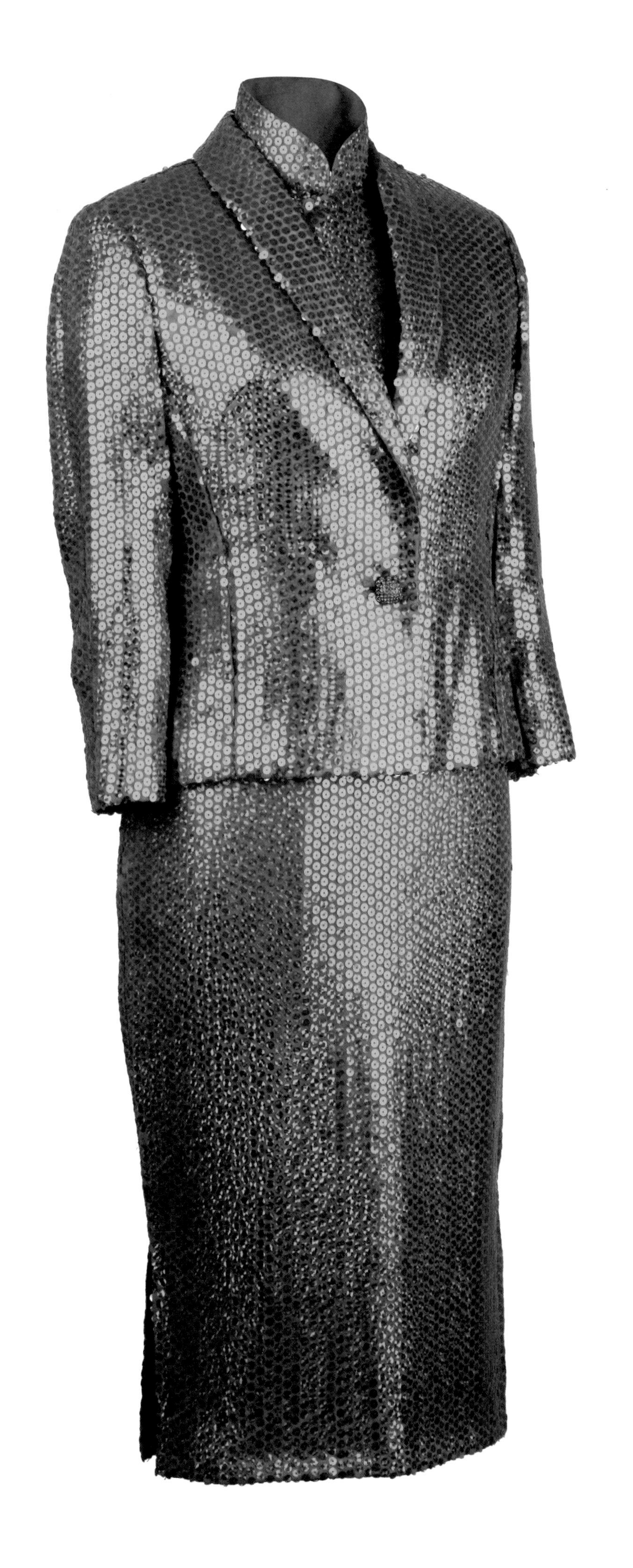

蓝色丝绒贴绣旗袍套装

数量：壹件（套）
领长/cm：6.8/无
衣长/cm：110.9/57.5
胸围/cm：46.9/47.3
袖长/cm：14.5/49.5
肩宽/cm：38.3/41.5
年代：20世纪80年代

绿色印花薄呢旗袍套装

数量：壹件（套）
领长/cm：7.2/无
衣长/cm：106.2/64.2
胸围/cm：44.5/43.5
袖长/cm：12.5/48.6
肩宽/cm：39/37.5
年代：20世纪80年代

酒红印花拉绒呢长袖旗袍

数量：壹件（套）
领长/cm：6
衣长/cm：108.8
胸围/cm：47
袖长/cm：47.4
肩宽/cm：42.3

湖蓝色提花乔其绒旗袍套装

数量：壹件（套）
领长/cm：6.5/无
衣长/cm：105/58
胸围/cm：44.5/43.6
袖长/cm：41/无
肩宽/cm：36.8/39

宝蓝色闪丝拉绒旗袍套装

数量：壹件（套）
领长/cm：6.5/无
衣长/cm：108.5/58
胸围/cm：45.9/50.5
袖长/cm：无/51.7
肩宽/cm：48.6/38.3

香绿色纺纱短袖旗袍
香绿色纺纱外套

数量：壹件（套）
领长/cm：6.8/无
衣长/cm：107.6/62.4
胸围/cm：46.6/47
袖长/cm：14/50
肩宽/cm：35/36

杂花丝绒旗袍套装

数量：壹件（套）
领长/cm：6.6/无
衣长/cm：108.3/51.5
胸围/cm：46.5/47
袖长/cm：11.9/48.7
肩宽/cm：40/39

酱红羽毛纹烂花绒短袖旗袍

数量：壹件（套）
领长/cm：5.1
衣长/cm：106.9
胸围/cm：45.4
袖长/cm：31.9
肩宽/cm：34.4
年代：20世纪90年代

黑色叶纹烂花绡旗袍套装

数量：壹件（套）
领长/cm：7/无
衣长/cm：106/64.3
胸围/cm：44.4/44.1
袖长/cm：15/55
肩宽/cm：35.5/34
年代：20世纪70年代

黑色针织绸旗袍搭缀片外衣套装

数量：壹件（套）
领长/cm：6.0/无
衣长/cm：121.5/58.5
胸围/cm：44.5/47.5
袖长/cm：12/53.8
肩宽/cm：37/38.5
年代：21世纪初

叶纹印花提花旗袍套装

数量：壹件（套）
领长/cm：6.7/无
衣长/cm：109.8/61.5
胸围/cm：47/51
袖长/cm：12/52
肩宽/cm：38.5/39
年代：20世纪80年代

藏蓝软缎镶花边泡袖旗袍

数量：壹件（套）
领长/cm：6
衣长/cm：108.3
胸围/cm：47.5
袖长/cm：40.3
肩宽/cm：36
年代：20世纪60–70年代

朵花印花缎短袖旗袍

数量：壹件（套）
领长/cm：6.5
衣长/cm：124
胸围/cm：42.5
袖长/cm：12
肩宽/cm：39.5

湖蓝织金蝴蝶纹短袖旗袍

数量：壹件（套）
领长/cm：6
衣长/cm：109.3
胸围/cm：45.5
袖长/cm：11.5
肩宽/cm：38
年代：20世纪60年代

绿地彩印提花绸旗袍套装

数量：壹件（套）
领长/cm：6.5/无
衣长/cm：106/61
胸围/cm：45.5/48.8
袖长/cm：12.549
肩宽/cm：36.842

花簇印花纱旗袍套装

数量：壹件（套）
领长/cm：6.5/无
衣长/cm：106/61
胸围/cm：45.5/48.8
袖长/cm：12.5/49
肩宽/cm：36.8/42
年代：20世纪70年代

米地手绘织金提花绡旗袍套装

数量：壹件（套）
领长/cm：7.4/无
衣长/cm：108/59.4
胸围/cm：46.6/47.7
袖长/cm：11.4/60.7
肩宽/cm：39.8/无

蓝地玫瑰纹印花提花缎短袖旗袍

数量：壹件（套）
领长/cm：6.7
衣长/cm：108.8
胸围/cm：42.5
袖长/cm：12.9
肩宽/cm：35.2

藏青地印花纱旗袍套装

数量：壹件（套）

领长/cm：6.2/无

衣长/cm：107.9/60.0

胸围/cm：42.1/47.2

袖长/cm：13.6/47.6

肩宽/cm：38.2/41.2

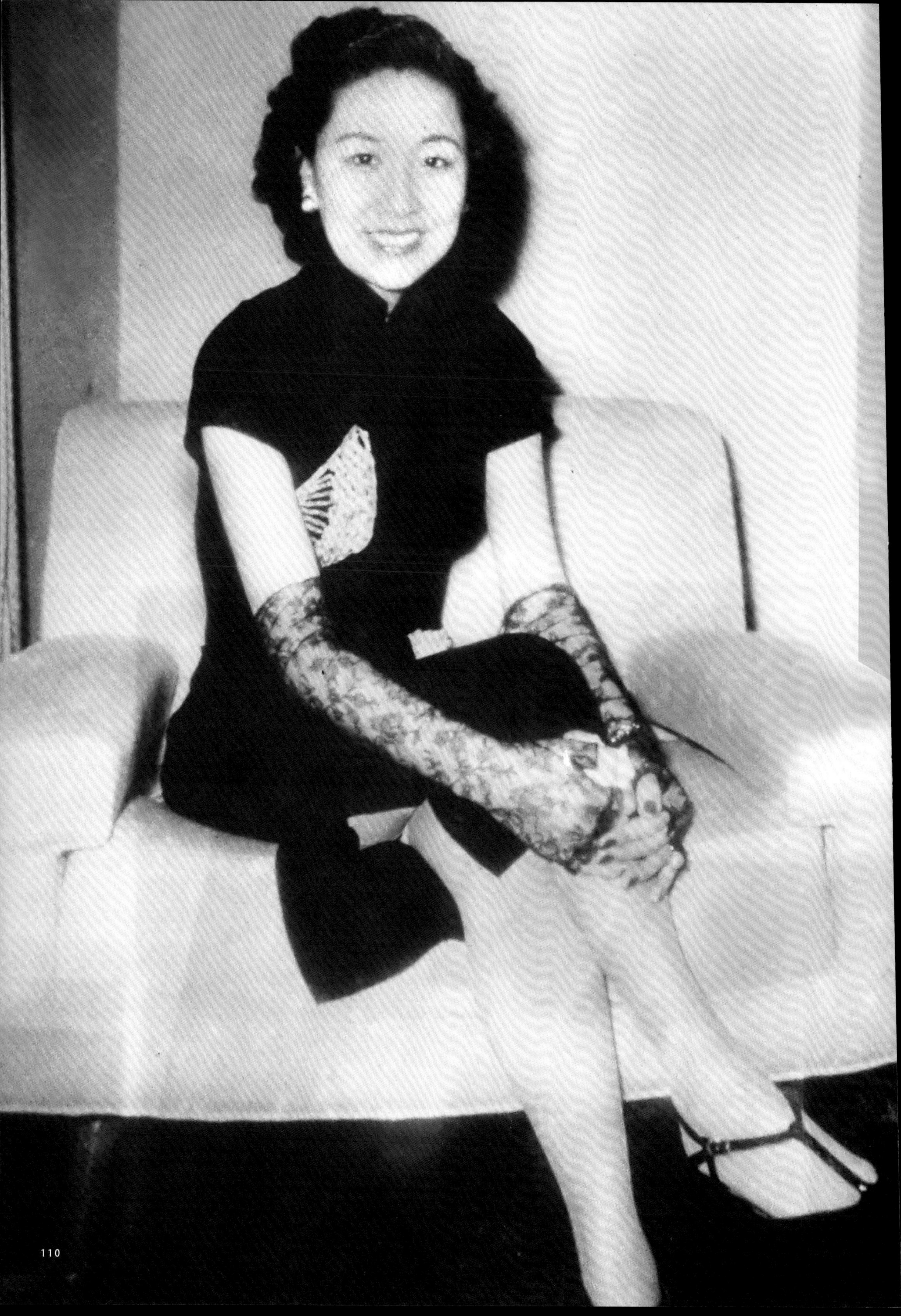

荣辑芙·旗袍

荣辑芙 Verginia Y. Wei

荣辑芙（1916—1987），荣德生的第七个女儿。从小生活在无锡，中学时在上海就读中西女中，喜爱文学、艺术和诗歌。毕业后与华伯忠结婚，1949年前后移居香港和美国，后改嫁魏道明。改革开放后，曾与荣氏亲友一同受邀回国观光。

荣辑芙的旗袍其女华如锦收藏并捐赠。

荣辑芙女士

荣辑芙健身运动中

子弟1940年合影，左四荣毅仁，左五荣辑芙，右三是荣毅仁夫人杨栳清

荣辑芙（前排居中）1986年来沪与荣家人欢聚

荣辑芙（前排居中）1986年来沪与荣家人欢聚

荣辑芙（右一）与朋友们合影

白地条纹贡缎旗袍套装

数量：壹件（套）
领长/cm：6/无
衣长/cm：109.8/62
胸围/cm：67/49
袖长/cm：无/59.5
肩宽/cm：43.5/38
年代：20世纪80年代

绿地印花纺长袖旗袍

数量：壹件（套）
领长/cm：5.9
衣长/cm：130.4
胸围/cm：47.7
袖长/cm：52.8
肩宽/cm：40.5
年代：20世纪80年代

浅绿蕾丝钉绒无袖旗袍

数量：壹件（套）
领长/cm：5.8
衣长/cm：107.3
胸围/cm：46
袖长/cm：无
肩宽/cm：42.7
年代：20世纪80年代

条纹印花绸长袖旗袍

数量：壹件（套）
领长/cm：5.5
衣长/cm：111.4
胸围/cm：48
袖长/cm：51.2
肩宽/cm：40.5
年代：20世纪80年代

蓝地印花绸长袖旗袍

数量：壹件（套）
领长/cm：6
衣长/cm：106.6
胸围/cm：48
袖长/cm：52
肩宽/cm：38
年代：20世纪80年代

米色提花棉绸旗袍套装

数量：壹件（套）
领长/cm：6.1/无
衣长/cm：111.4/61.5
胸围/cm：48/51.5
袖长/cm：无/53.5
肩宽/cm：42.5/40.5
年代：20世纪80年代

彩格印花绸长袖旗袍

数量：壹件（套）

领长/cm：6.5

衣长/cm：112

胸围/cm：49.8

袖长/cm：54

肩宽/cm：41.7

年代：20世纪80年代

浅紫地叶纹印花双绉长袖旗袍

数量：壹件（套）
领长/cm：7
衣长/cm：112
胸围/cm：50.2
袖长/cm：53.8
肩宽/cm：39
年代：20世纪80年代

蓝色印花纺长袖旗袍

数量：壹件（套）
领长/cm：6.9
衣长/cm：113
胸围/cm：48.5
袖长/cm：53.8
肩宽/cm：39
年代：20世纪80年代

灰地印花提花绸衣裤套装

数量：壹件（套）
领长/cm：4.9/无
衣长/cm：100.5/95
胸围/cm：47.2/无
袖长/cm：44/无
肩宽/cm：39.2/无
年代：20世纪80年代

黑绿方格提花绒旗袍套装

数量：壹件（套）
领长/cm：5.5/5
衣长/cm：129.5/65.5
胸围/cm：49/51
袖长/cm：54.5/12.5
肩宽/cm：40.5/40
年代：20世纪80年代

ily Y. Hardoon's Qipaos

荣卓如·旗袍

荣卓如、乔奇·哈同夫妇

荣卓如、乔奇·哈同夫妇

荣卓如（1919—2020），荣宗敬的小女儿。早年毕业于上海中西女中和震旦大学商科，嫁给犹太巨商赛拉斯·艾伦·哈同的长子乔奇·哈同。改革开放后，积极响应国家号召，多次投资上海和无锡的纺织企业。

荣卓如的旗袍由宋路霞从香港带回上海。

荣卓如、乔奇哈同夫妇（右一、二）等与母亲刘蕙秀（右三）

荣卓如（左边站立者）与荣毅仁夫妇（左边和右边坐者）

荣卓如在父亲荣宗敬的铜像前

荣卓如在锡荣纺织机械有限公司开幕典礼上讲话

荣卓如与大儿子大卫哈同回乡投资，受到无锡乡亲们的热烈欢迎

荣卓如大儿子大卫哈同结婚

黑地印花顺纡中袖旗袍

数量：壹件（套）
领长/cm：6.5
衣长/cm：113.9
胸围/cm：45.5
袖长/cm：37.5
肩宽/cm：40
年代：20世纪70年代

墨绿蕾丝缀片中袖旗袍

数量：壹件（套）
领长/cm：6.5
衣长/cm：114.5
胸围/cm：46.5
袖长/cm：40
肩宽/cm：39.8
年代：20世纪70年代

黑地印花羊毛旗袍套装

数量：壹件（套）
领长/cm：6.5/无
衣长/cm：109/68.5
胸围/cm：46/49.5
袖长/cm：无/51.2
肩宽/cm：42.4/38
年代：20世纪90年代

彩色几何纹顺纡绉无袖旗袍

数量：壹件（套）
领长/cm：6.2
衣长/cm：105
胸围/cm：43.5
袖长/cm：无
肩宽/cm：14
年代：20世纪90年代

藏青地金丝提花纱旗袍套装

数量：壹件（套）
领长/cm：6.8/无
衣长/cm：109.5/64.2
胸围/cm：45/46.5
袖长/cm：42.3/54
肩宽/cm：42/37.5
年代：20世纪90年代

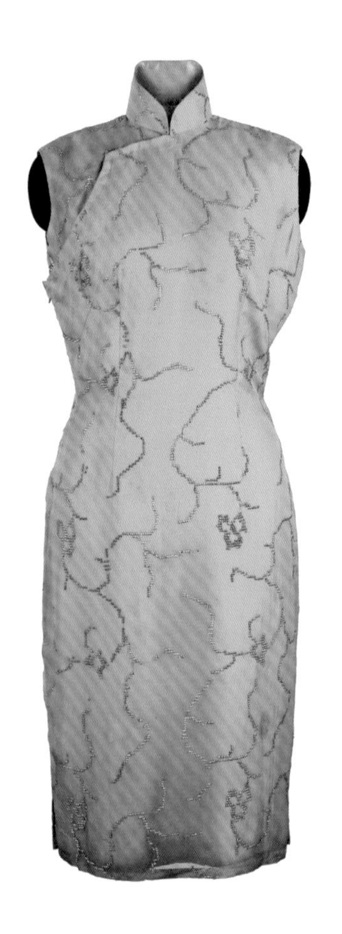
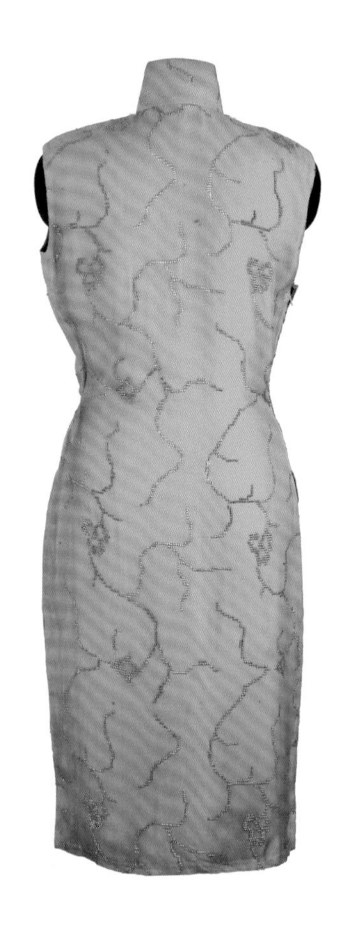

湖蓝纱地钉片无袖旗袍

数量：壹件（套）
领长/cm：6.8
衣长/cm：105.8
胸围/cm：45
袖长/cm：无
肩宽/cm：39.7
年代：20世纪70年代

刘莲芳·旗袍

刘莲芳 Lena L. Yung

刘莲芳（1920—2012），荣德生的第五子荣研仁的夫人，其父刘吉生是著名实业家。自幼生活在上海的爱神花园（今巨鹿路675号上海市作家协会），青年时代在上海教会学校就读，20世纪中期随丈夫移居泰国和美国。

刘莲芳的旗袍由其女荣智芬捐赠，从美国新泽西州辗转至纽约后，带回上海。

荣研仁、刘莲芳夫妇与她们的孩子

刘家爱神花园主楼（现上海作家协会）　宋子文夫人张乐怡女士（居中）等在薛家作客，左二荣卓仁女士　刘吉生夫妇与儿女子孙，后排右三、四是刘莲芳、荣研仁

荣毅仁、杨栳清结婚时，荣研仁是伴郎

蓝色蕾丝盘带绣长袖旗袍

数量：壹件（套）
领长/cm：7.2
衣长/cm：123.6
胸围/cm：41.5
袖长/cm：36.5
肩宽/cm：37
年代：20世纪70年代

绿色织金银蕾丝中袖旗袍

数量：壹件（套）
领长/cm：6
衣长/cm：131.8
胸围/cm：44
袖长/cm：41.5
肩宽/cm：35.5
年代：20世纪70年代

荣智珍·旗袍

荣智珍 Loretta Y. Chu

荣智珍、朱传榘夫妇

荣智珍（1928—2020），荣宗敬的长孙女、荣鸿元的长女。从小在上海生活和读书，20世纪40年代末出国留学。改革开放后，与丈夫朱传榘多次回国访问、讲学，并设立奖学金，开展学术交流。

荣智珍的旗袍由荣智珍从华盛顿寄至纽约后，由徐景灿带回上海。

荣智珍、朱传渠（前居中）全家福（2015年）

荣智珍、朱传榘夫妇与徐景灿（1984年）

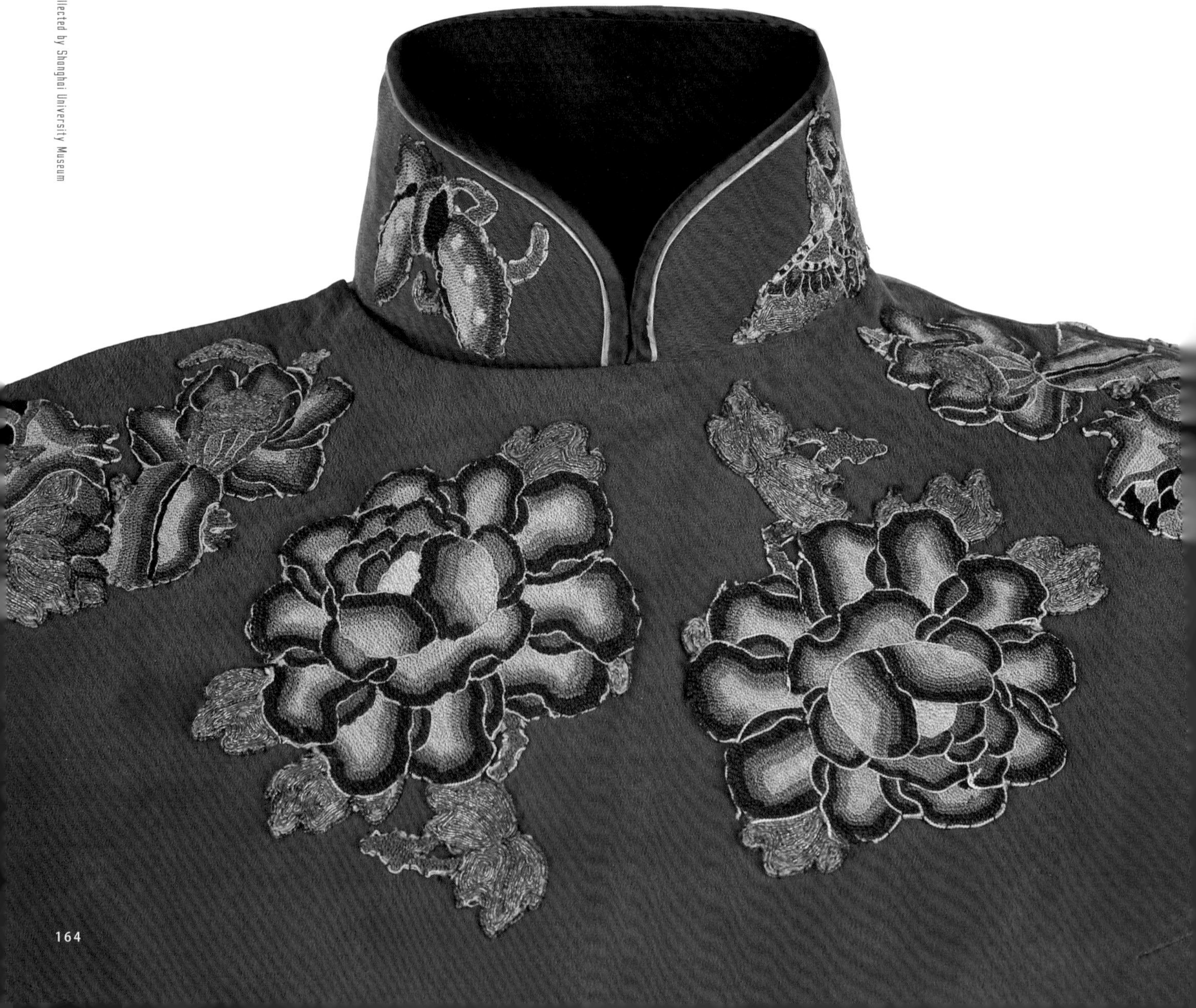

三蓝贴绣长袖旗袍

数量：壹件（套）
领长/cm：6
衣长/cm：106.5
胸围/cm：49.8
袖长/cm：40
肩宽/cm：39
年代：20世纪90年代

湖绿镶绣长袖旗袍

数量：壹件（套）
领长/cm：6
衣长/cm：118
胸围/cm：49
袖长/cm：46.5
肩宽/cm：38.5
年代：20世纪90年代

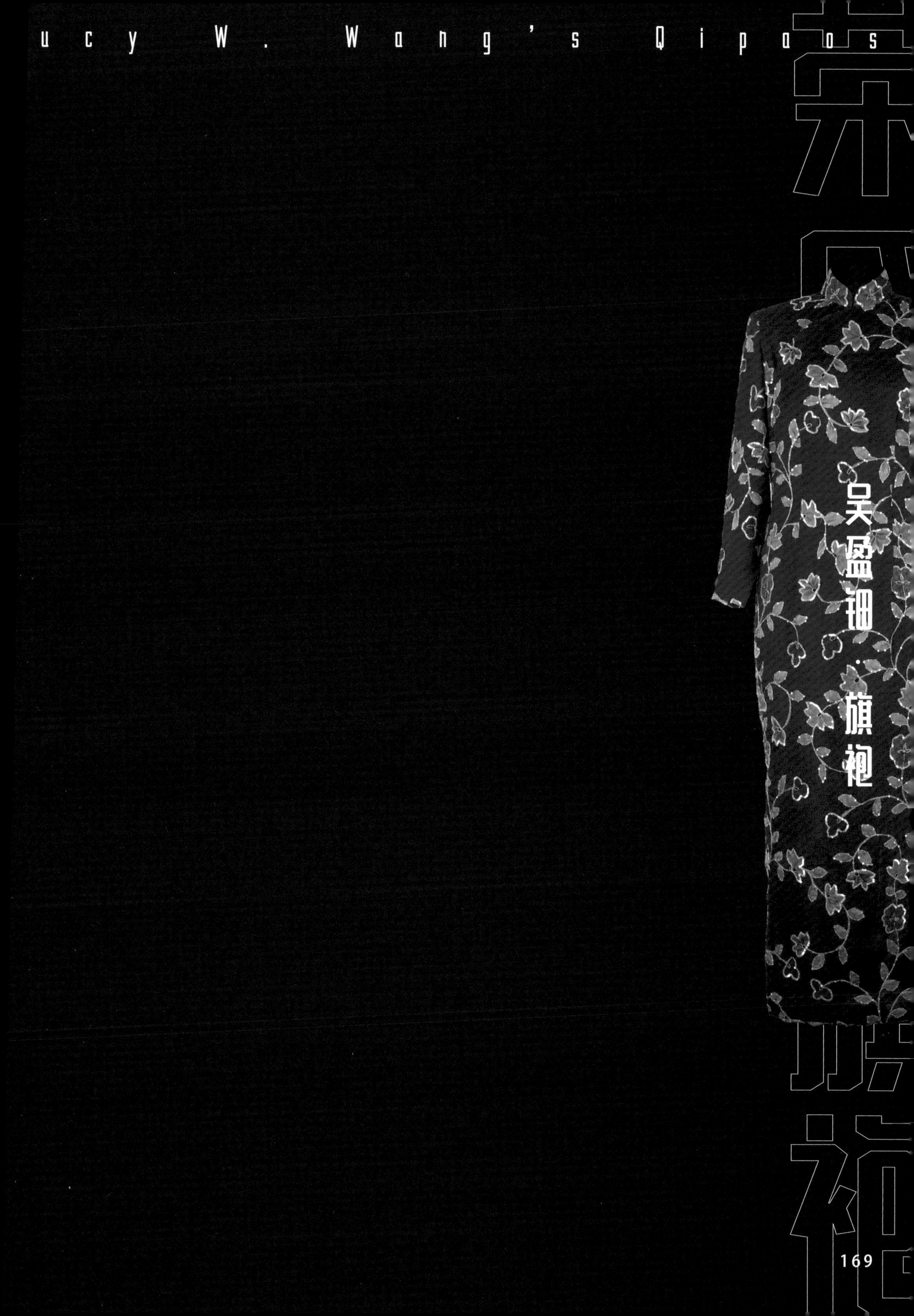
ucy W. Wang's Qipaos
吴盈珊·旗袍

吴盈钿（1936— ），荣宗敬的外孙媳、王云程的儿媳。其父为上海纺织专家吴昆生。1956年赴美国留学，在玛丽·华盛顿大学获得社会学学士学位，后在美国社会福利部门任职。与丈夫王建民辗转世界各地创业，培养子女从事艺术和实业。

吴盈钿的旗袍为其本人捐赠。

吴盈钿、王建民夫妇与他们的三个孩子

荣宗敬先生的外孙王建民、吴盈钿夫妇

吴盈钿、王建民夫妇结婚照

王建民、吴盈钿夫妇率儿孙为父亲祝寿

王建民、吴盈钿夫妇

宝蓝印花绡闪片绣长袖旗袍

数量：壹件（套）
领长/cm：5.5
衣长/cm：139.5
胸围/cm：45
袖长/cm：56.5
肩宽/cm：42.5
年代：20世纪70年代

蓝色印花纱旗袍套装

数量：壹件（套）
领长/cm：5/无
衣长/cm：120.5/64.5
胸围/cm：51.3/51.8
袖长/cm：无/51.2
肩宽/cm：39.5/40.5
年代：20世纪90年代

果绿双绉旗袍搭网布贴绣外衣套装

数量：壹件（套）
领长/cm：4.5/无
衣长/cm：112/67
胸围/cm：48.5/50.5
袖长/cm：无/53.5
肩宽/cm：39/42.5
年代：20世纪90年代

山纹印花提花绸长袖旗袍

数量：壹件（套）
领长/cm：5.5
衣长/cm：121.5
胸围/cm：48.5
袖长/cm：51
肩宽/cm：41
年代：20世纪90年代

叶纹织金提花约短袖旗袍

数量：壹件（套）
领长/cm：6.4
衣长/cm：141
胸围/cm：48
袖长/cm：19.5
肩宽/cm：38
年代：20世纪80年代

白色珠片满绣短袖夹旗袍

数量：壹件（套）
领长/cm：6.8
衣长/cm：131
胸围/cm：39.5
袖长/cm：13.5
肩宽/cm：38
年代：20世纪60年代

粉色蕾丝钉花卉纹珠片短袖夹旗袍

数量：壹件（套）
领长/cm：5.5
衣长/cm：736.5
胸围/cm：44.5
袖长/cm：29.5
肩宽/cm：43
年代：20世纪60年代

Afterwords

后记 上海大学博物馆

这本《轻裾随风——上海大学博物馆藏荣氏家族旗袍》集中展示了荣氏家族女性成员的服饰风采，读者翻阅此书，可从中体察这批旗袍摩登而不失经典韵味，华丽而不流于浮夸表面，精致亦大气，革新且兼顾实际……用再多的美好的言词形容也不为过，实实在在堪称海派旗袍中的精品和代表。

首先要感谢上海老旗袍珍品馆将藏品无私捐赠。多年来，他们为收藏名人家族旗袍在海内外积极奔走，克服了诸多困难，为保护海派旗袍贡献力量，没有他们的努力，可能这些旗袍就没法被完好地保留下来。

衷心感谢荣氏家族成员的鼎力支持和慷慨捐赠，他们是：荣卓如女士、荣智珍女士、荣智安女士、荣智芬女士、王建民、吴盈钿夫妇、李明璎女士。

感谢南京艺术学院龚建培教授、苏州丝绸博物馆王晨研究馆员、上海纺织博物馆创始人蒋昌宁先生、上海博物馆工艺部于颖副研究馆员的指导和帮助。在上海炎热的7月，他们不辞辛劳，亲临上海大学博物馆为旗袍做鉴定、定名。他们虽然日常工作非常繁忙，但是都欣然应邀围绕本书主题撰写了专业文章。

感谢宋路平先生为本书提供旗袍拍摄。由于制作时间紧迫，为了配合进度，宋路平先生在高温酷暑下连续作业，提前完成了拍摄工作。感谢他的理解和热情，使此书如期出版成为可能。

在书稿编著过程中，同样得到了各方的支持与帮助。感谢上海大学海派文化研究中心副秘书长竺剑的支持，本书获得“310：与沪有约—海派文化传习活动”项目资助。本书由上海大学出版社出版，感谢该书出品人戴骏豪，责任编辑刘强，他们精益求精，使得本书以更臻完善的面貌呈现在读者面前。

本书为上海大学博物馆年度大展“海上明月 轻裾随风——江南望族与海派旗袍特展”图录，上海大学文学院学生对该展览有相当贡献，他们是2020级中国史博士梅海涛和2019级考古文博专硕杜越、顾梦岚、胡海洋、黄倩、李姿、王刘苏粤、王秀玉、于佳明，他们参与了展览的策划、设计、布展、开放运营等过程。很高兴能为学生提供平台，使他们全程参与展览策划与实施的全过程。充分发挥教学实习功能，是我们作为一家高校博物馆的使命，也希望借此机会，能激发学生们对海派文化的兴趣，以及对文博事业的热情。

上海大学博物馆能够收藏和展示这组荣氏家族旗袍精品，得益于宋路霞女士和博物馆研究馆员郭骥几年来对捐赠旗袍方案的研究与讨论。荣氏家族旗袍能够整体保存在博物馆中，对传承海派旗袍文化来说是一件幸事。

上海大学博物馆是一家以海派文化为主题的大学博物馆，收藏和呈现具有上海城市特色的大众文化和流行艺术。现有藏品近7000件，包括晚清以来上海地区美术、电影、戏剧、音乐、文学、教育、休闲娱乐、日常生活等领域的重要文献、实物和媒体资料。此批荣氏家族旗袍将在上海大学博物馆长期展示。

上海大学博物馆
2020年8月

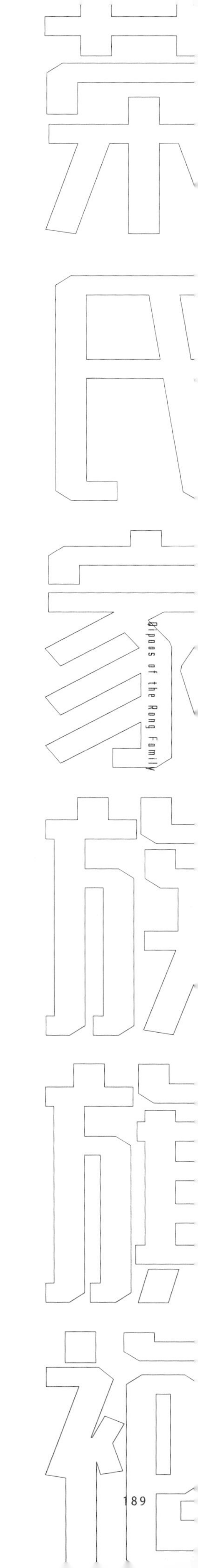

"海上明月 轻裾随风——江南望族与海派旗袍特展"
工作组

策划
李明斌

策展人
郭骥
宋路霞

学术指导
龚建培
胡申生
蒋昌宁
陆兴龙
裘争平
王晨
于颖

展览顾问
潘勇
袁启明
李荣

藏品维护
张欣
周铁芝

宣传开放
曹默
李信之
牛梦沉

设计负责
于群

学生助理
梅海涛
杜越
顾梦岚
胡海洋
黄倩
李姿
王刘苏粤
王秀玉
于佳明

《轻裾随风——上海大学博物馆藏荣氏家族旗袍》
编辑委员会

主编
李明斌
徐景灿

策划
郭骥
宋路霞

统筹
李信之

藏品信息
张欣

图文审校
曹默
牛梦沉

设计负责
于群

翻译指导
肖福寿

摄影
宋路平

摄影助理
樊泽辰
王慧敏
朱江松
张琳燕

图书在版编目（CIP）数据

轻裾随风：上海大学博物馆藏荣氏家族旗袍 / 李明斌，徐景灿主编. -- 上海：上海大学出版社，2020.9（2023.2重印）
ISBN 978-7-5671-3942-8

Ⅰ. ①轻… Ⅱ. ①李… ②徐… Ⅲ. ①荣毅仁（1916–2005）–家族–旗袍–图集 Ⅳ. ①TS941.717-64

中国版本图书馆CIP数据核字(2020)第174594号

责任编辑 刘　强
美术设计 ***GMaple****Design*
上海金脉美术设计有限公司
朱晟昊　朱　枫　陈佩青

书　　名 轻裾随风——上海大学博物馆藏荣氏家族旗袍
主　　编 李明斌　徐景灿
出版发行 上海大学出版社
社　　址 上海市上大路99号
邮政编码 200444
网　　址 https://www.shupress.cn
发行热线 021-66135112
出 版 人 戴骏豪

印　　刷 上海东亚彩印有限公司
经　　销 各地新华书店
开　　本 889mm×1194mm 1/16
印　　张 12
版　　次 2020年9月第1版
印　　次 2023年2月第2次
国际书号 ISBN 978-7-5671-3942-8/T·14
定　　价 398.00元

本书获得上海大学海派文化研究中心资助